KB006123

농산촌유토피아를
아시나요

일러두기

책에 실린 그림은 모두 저자의 작품으로,
이한구 사진작가가 찍었습니다.
책에 실린 사진은 대부분 저자가 취재 중
직접 찍은 것이나, 일부는 최용만·임승수 사진작가와
일본농협신문(JA.com)의 사진을 허락을 얻어
실었습니다.

농산촌유토피아를 아시나요

현의송 지음

| 자작시 |

유토피아 내 고향

현 의 송

앞냇갈 뒷도랑 감돌아
콸콸콸 사시사철 흐르는 광암 청류엔
가재, 붕어, 피리, 왕댕이가 지천이었네
가학산과 흑석산은 노루의 터전
십리바위와 안산은 토끼의 쉼터

번덕지 할미꽃 허리 굽히는 봄
토끼풀 시계 차고 감꽃 목걸이 걸고
도란도란 사뿐사뿐 골목을 걷는 소녀들
소년들은 샛도랑에 잼피 풀어
뱀장어와 메기를 한소쿠리 채웠지

아이들은 붕어 천렵, 어른들은 피사리
여름 해 더딘 걸음 서산에 걸리고
어스름 달빛에 아랫둠벙 누이들 선녀가 되면
슬그머니 나무꾼이 되던 윗둠벙 남정네들
호박잎 된장에 즉석 회로 농사일 피로 풀고
반딧불이 하늘을 수놓는 밤

뒤안마다 밤송이, 골목마다 홍시
담장 너머 솟는 간짓대에 까치 삔수 시름 깊은데
무논에 친 어레미에선
배부른 찰붕어가 헉헉거린다
새비 따라 미꾸라지도 펄떡인다
물꼬 자르고 어레미 걷어

가지, 애호박, 풋고추 썰어 넣고 보글보글
그 맛 어머니 맛

밤 길다 남폿불도 졸다 깨는 동지섣달
눈길 발자욱인들 닭서리 유혹 물리치랴
사랑방 아재들 새끼 꼬고 짚신 삼네
싱건지 한 양푼 들이미는 주인장
내년 농사 거름 장만할 요량인데
왜 이리들 오줌 안 누고 가마니만 짜는고

내 고향 광암은 꿈속의 유토피아
자운영 보드라운 융단도 꿈에서나 펼쳐볼 뿐
이제 잠 깨고 되찾아 살고 싶네
먼 옛날 소년처럼, 그 옛날 소녀처럼
냇갈에서 대방구 잡고 번덕지에서 소 뜯기며
나 여기 살고 싶네

'유토피아 내 고향' 시비(詩碑), 2020, oil on canvas, 65.1×53cm

| 이끄는 말 |

왜 농산촌유토피아인가

이 책의 제목 '농산촌유토피아'는 필자가 농산촌(農山村)과 유토피아(Utopia)를 합성해 만든 신조어이다. 농산촌은 1차 산업이 영위되는 현실 공간이고, 유토피아는 공상적이며 비현실적인 영역이다. 전자가 다분히 사회경제와 관련된 개념이라면 후자는 철학적, 소설적 이미지를 동반한다. 이렇게 볼 때 둘은 이질적인 것 같지만 동질성도 있다. 농산촌은 휴양 및 힐링 기능을 할 수 있고, 유토피아 역시 정신적 안식처로서의 속성을 지니고 있기 때문이다.

유토피아는 가상적 꿈의 개념이어서 현실의 인간들이 다가갈 수 없는 한계가 있다. 그래서 필자는 이 개념을 현실로 불러내보기로 했다. 또 농산촌은 아직 가난하고 팍팍한 이미지가 적잖이 따라다니는 용어이다. 하지만 유럽과 일본 등 선진국 농산촌은 휴양 및 행복의 이미지와 많이 연관돼 있다. 우리나라는 경제성장으로 살 만해졌지만 자연의 부재로 도시생활이 불안정해지면서 농산촌이 휴양 기능을 하는 공간으로 점점 부상하고 있다. 과거와 달리 녹색 풍요 속에 예쁘게 정돈된 모습을 드러내고 있는 농산촌들도 많이 눈에 띈다.

지구 반 바퀴-제주 돌담밭(세계농업유산), 2019, oil on canvas, 72.7×53cm

필자는 현실의 농산촌을 꿈의 공간으로 업그레이드하고, 아지랑이처럼 손에 잡히지 않는 유토피아를 현실 사회와 연결시키기 위해 이렇게 농산촌유토피아란 합성어를 탄생시키게 됐다. 두 용어의 합일은 각 용어의 한계점을 보완해 철학적, 사회경제적으로 다방면에서 시너지 효과를 창출할 수 있을 것으로 기대된다.

농산촌유토피아는 현실에서 북구나 서유럽, 일본 등지 잘나가는 농산촌의 복지 수준을 달성한 마을 혹은 생태도시를 말한다. 그런 곳에 거주하는 주민들의 삶의 질은 현실화한 유토피아 수준이라 해도 과언이 아닐 것이다. 행복과 건강미가 넘쳐나고 경제적으로도 윤택한 생활이 연중 이어진다. 청정하고 넉넉한 대자연의 품에서 남부러울 것 없이 산다. 그들은 21세기 물질문명의 수레바퀴에 치여 허덕거리는 도시인들을 딱한 시선으로 바라본다.

농산촌유토피아와 유사한 개념으로 '농(農)토피아'와 '농촌유토피아'가 있다. 농토피아는 농협이 2020년 초 이성희 회장 체제가 출범하면서 새 시대를 이끌어 갈 캐치프레이즈로 내건 것이다. 이보다 앞서서 전북 완주군은 지난 2017년부터 복지농촌 건설을 위해 '상상이 현실이 되는 농토피아'를 외치며 농토피아 조례를 제정하는 등 지역 활성화에 매진해왔다. 또 일본 홋카이도(北海道)의 시호로(士幌)농협은 일찍이 1935년부터 '농촌유토피아 창조'를 슬로건으로 내걸고 지역주민의 삶의 질 향상에 앞장서왔다.

농산촌유토피아는 이들 슬로건 혹은 캐치프레이즈와 맥을 같이하는 것이다. 다만 차이점이 있다면 농토피아는 다소 생경하고, 농촌유토피아는 농촌이란 공간에 국한하지만, 농산촌유토피아는 안식이 있는 숲과도 함께할 수 있어 범위가 더 넓다는 점이다. 여기에 어촌을 포함하면 '농산어촌유토피아'로 범위가 더 확대된다. 청정하고 아름다운 바닷가에서는 간단히 '어촌유토피아'란 용어를 사용해도 될 것이다.

농산촌유토피아는 결코 추상적이거나 환상적인 데 머무는 개념이 아니다. 매우 현실적이면서도 고차원적인 표현이다. 또 일곱 글자에 일곱 가지 무지개색을 입힌다면 하늘의 무지개 같은 아름다움과 행복을 상징할 수도 있다.

환경파괴와 코로나19의 만연 등으로 21세기 인류는 문명의 난민 신세가 되었다. 농산촌유토피아가 그들에게 무지갯빛 희망과 위로가 될 수 있기를 소망한다. 또 이 책의 출간을 계기로 농산촌유토피아란 신조어가 철학이나 인문학적 표현으로, 혹은 사회경제적 용어로서 많은 이들에게 활용되고 긍정적으로 회자되기를 기대한다.

문명사회의 난민, 21세기 인류

지구촌이 위기다. 2020년 한반도는 역사상 유례없는 긴 장마와 집중호우, 연이은 태풍 등으로 곳곳에서 피해를 입었다. 방글라데시가 국토의 4분에 1에 해당하는 면적에 홍수 피해를 입는 등 동남아 여러 나라가 물난리를 겪었고, 미국 서부는 남한 면적의 20%에 해당하는 산림이 불에 탔다. 호주는 2019년 가을부터 2020년 초까지 대규모 산불이 발생해 한반도 면적의 85%에 해당하는 숲이 소실됐다. 지난해 시베리아는 기온이 8만 년 만에 38℃까지 올라갔다. 이는 장기적인 고온 현상이 6백 배 이상 커진 결과라고 한다.

인류사회 파국 맞을까 두렵다

과학자들은 이러한 해괴한 현상들의 주요 원인으로 기후변화를 꼽았다. 화석연료 남용 등으로 지구 온도가 상승하고 그 결과 갖가지 자연재앙이 꼬리를 물어 인류의 멱살을 잡고 있는 듯한 형국이다. 이대로 가다가는 인류사회가 파국을 맞을 수도 있겠다는 두려움이 엄습해온다.

2020년 초부터는 코로나19라는 전대미문의 전염병마저 창궐해 지구촌을 혼란의 도가니로 몰아넣었다. 세계 주요 도시들이 셧다운됐고, 심지어 중국과 인도, 미국 등 인구 대국들이 봉쇄되는 초유의 사태가 벌어졌다. 도쿄올림픽이 연기되고, 세계경제가 마비됐으며, 수많은 인구가 기아선상에 내던져졌다. 코로나19는 3차 세계대전이나 외계인의 침공을 방불케 하는 파괴력을 몰고 왔다.

곶자왈에서 출근하는 의사, 2020, oil on canvas, 65×53cm

과학자들은 코로나19 바이러스의 내습도 인간이 자초한 것이라는 데 대체로 동의한다. 열대림 등 자연을 파괴해 도시와 골프장 등을 건설하면서 야생동물들이 서식지를 잃은 것이 주요 원인이라는 것이다. 야생동물에 조용히 기생하던 바이러스들은 변이를 거쳐 새로운 숙주인 인간에게 달려들었다. 결국 바벨탑을 쌓아 자기들의 왕국을 만들고 욕망을 분출하려 한 인간들이 제 발등을 찍은 꼴이다.

이제 코로나19와 기후변화는 인류에게 커다란 숙제가 됐다. 각국은 문제를 해결하기 위해 유엔(UN) 등을 중심으로 여러 가지 대책을 내놓았고, 실행에 들어가기도 했다. 유럽연합(EU)의 '그린 딜' 정책이나 유엔의 '지속가능한 발전목표(SDGs)', 파리기후변화협정 등은 그런 움직임의 일환으로 나온 것들이다. 필자는 여기에 더해 인류사회가 '농산촌의 가치'를 새롭게 조명함으로써 지구촌의 난제를 푸는 데 활용할 때가 됐다고 본다.

폭주 거듭해온 산업화 기관차

산업혁명 이후 250년 동안 지구촌에서 산업화의 기관차가 폭주를 거듭해왔다. 그러는 동안 도시가 날로 확장돼왔고, 농산촌은 그에 반비례해 소외돼왔다. 그러나 이제는 역전의 기회가 왔다. 코로나19와 기후변화 재앙은 자연이 얼마나 소중하며, 환경파괴가 얼마나 심각한 결과를 가져오는지 인류에게 똑똑히 보여주고 있다.

농산촌은 자연의 원형적(原型的) 아름다움이 살아 있는 곳이다. 도시인들은 현대판 사막도시에서 날마다 녹색갈증을 느낀다. 자연의 부재로 인한 아픔과 불편은 21세기 인류의 불행이다. 그와 달리 농산촌은 생기가 충만한 곳이요, 신의 넉넉한 품이 느껴지는 안식처다. 환경파괴와 코로나19의 만연은 그런 농산촌의 가치를 재평가하는 계기를 만들었다. 현대인들은 문명사회의 난민(難民) 신세가 되었다. 더 이상 밀집, 밀접, 밀폐의 도시생활이 용납되지 않는다.

치료약과 백신이 개발된다 해도 난제가 쉽게 풀리길 기대하기 힘들다고 본다. 그 사이에 또 다른 변종 바이러스가 나와 치료약과 백신 개발을 무용지물로 만들 수도 있다. 미시적 대책에만 머물지 말고 거시적 안목의 대책을 내

놔야 한다. 근본적으로 인간사회를 생태사회로 대전환시키는 것이 가장 좋은 대책이요, 올바른 처방이 될 것으로 믿는다.

농산촌은 그 자체로 거대한 생태공간이다. 농산촌이 지닌 가치를 그대로 향유하면 문제가 풀린다. 태초부터 전해지는 싱그러운 녹음, 생기, 원초적 아름다움, 그리고 그 품이 내어주는 신토불이 농수산물을 가까이하면 된다. 제주도 곶자왈이나 비자림 숲, 강원도나 경상도의 아름다운 산촌, 서해안이나 남해안의 적요한 바닷가 등이 첨단 정보통신기술(ICT) 업체 직원들의 일터가 될 수 있다. 출판사도, 방송국도 숲 속에서 운영할 수 있는 시대다. 이제는 인간이 살기 위해 농산촌의 품에 안겨야 한다.

농산촌은 금세기 문명 난민들의 도원향(桃源鄕)이 될 수 있다. 산업문명의 수레바퀴에 깔려 신음하던 도시인들이 찾아 떠나는 유토피아가 될 수 있다. 지난 1500년대 토마스 모어(Thomas More)는 '없는 장소' '좋은 장소'란 의미의 '유토피아(Utopia)'란 말을 만들었다. 인간의 능동적 개척정신으로 좋은 장소로서의 이상사회 실현이 가능하다고 본 것이다.

우리는 이제 그런 의미의 농산촌유토피아를 추구해야 한다. 아니, 농산촌유토피아는 이미 원초적 자연 속에 실현돼 있다. 도시인들이 찾아오기만 하면 된다. 농산촌 주민들은 도시생활의 방황으로 찌든 그들의 여독을 풀어주면 된다.

요즘 사회적으로도 농산촌의 가치를 주목하는 움직임이 일고 있어 다행이다. 일부 지방자치단체는 농산촌유토피아 조례를 제정해 지방정책으로 지원하고 있으며, 국책연구기관인 한국농촌경제연구원은 농촌유토피아에 관한 세미나를 개최하는 등 관련 연구를 본격화했다. 이런 움직임이 현대사회를 위한 좋은 방향키가 되기를 기대한다.

귀소본능 충족시키는 농산촌

사람에게는 누구나 귀소본능(歸巢本能)이 있다. 삶이 팍팍하고 불안정할 때 그 본능은 더 세게 꿈틀거린다. 도원향 혹은 유토피아는 인간 귀소본능의 종착지라 할 수 있다. 그래서 예부터 문인들은 도원향을 그리는 내용의 창작물들을 만들었다. 도연명(陶淵明)의 《도화원기》나 존 밀턴(John Milton)의 《실낙원》《복낙원》, 세종의 《월인천강지곡》, 제임스 힐턴(James Hilton)의 《잃어버린 지평선》등은 편안한 곳에서 안식하고자 하는 인간의 소망이 담긴 내용들이다.

전원시인 신석정의 명시 '그 먼 나라를 알으십니까'에도 그러한 소망이 녹아 있다.

어머니 / 당신은 그 먼 나라를 알으십니까? // 깊은 삼림지대를 끼고 돌면 / 고요한 호수에 흰 물새 날고 / 좁은 들길에 들장미 열매 붉어 // 멀리 노루새끼 마음 놓고 뛰어다니는 / 아무도 살지 않는 그 먼 나라를 알으십니까?

이 시는 종장에 이르도록 읽는 이의 가슴을 뭉클하게 한다.

서리 까마귀 높이 날아 산국화 더욱 곱고 / 노란 은행잎이 한들한들 푸른 하늘에 날리는 / 가을이면 어머니! 그 나라에서 / 양지밭 과수원에 꿀벌이 잉잉거릴 때 / 나와 함께 고 새빨간 능금을 또옥 똑 따지 않으렵니까?

이렇게 시인이 그리워한 '그 먼 나라'는 의외로 가까운 곳에 있다고 생각한다. 바로 농산촌유토피아다. 농산촌유토피아야말로 자연과 인간이 친화적 관계를 만들어, 인간이 안식을 얻고 문명의 폐해를 멀리할 수 있는 곳이다.

이 책에는 그런 농산촌유토피아를 찾는 필자의 관찰과 여정이 녹아 있다. 21세기 문명의 질주에 휘둘려 신음하는 이들에게 이 책이 넉넉한 위안이 될 수 있기를 소망한다. 이 책이 우리 사회의 지나친 경쟁심을 완화하고 구성원의 포용력과 휴머니즘을 끌어올리는 데 조금이라도 보탬이 된다면 더 이상 바랄 게 없겠다.

2020년 12월 청계산 '환자원(還自園)'에서

송암(松岩) 현 의 송

못자리, 2020, ©임승수, 농민신문사

차례

제2장 협동조합 복지사회 '쿱토피아'

제3장 아름답고 살기 좋은 생태공동체

제4장 신토불이와 윤리소비 그리고 농산촌유토피아

제5장 세계 농산촌유토피아를 가다

농산촌유토피아를 아시나요

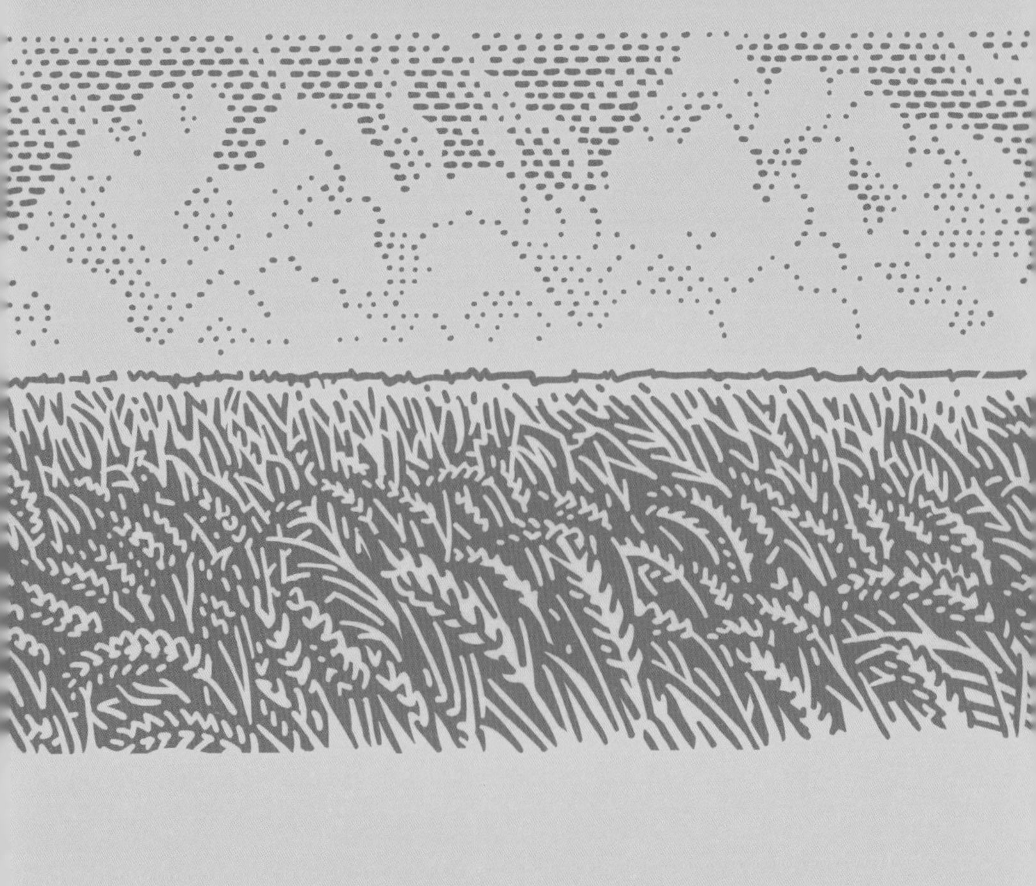

제 1 장

농산촌 유토피아의 꿈

- 농산촌유토피아를 이루자
- 코로나19로 높아진 농산촌의 가치
- 코로나19 이후 가족농과 지속가능한 발전
- opinion 코로나19 시대, 전원 작가의 삶
- 농토피아, 광암마을의 꿈
- 전원은 신이 만들었다
- 원초적 희망이 있는 마을공동체
- 도시인이 안식 얻는 21세기 도원향
- 축복받은 녹색 땅
- 인류 존속 철학, 지렁이 꿈
- 청소년에게 자연의 추억을

농장의 청계란, 2020, ©최용만

농산촌유토피아를 이루자

◆◆◆

2020년 1월 하순부터 코로나19라는 질병이 창궐했다. 마스크를 쓰지 않으면 버스도, 전동차도 탈 수 없다. 갈 곳도 없고 오라는 곳도 없으니 날마다 손바닥만 한 텃밭에 나가 지낸다. 텃밭에는 감자, 고추, 가지, 오이, 맷돌호박, 점보호박, 상추, 시금치, 캐모마일, 접시꽃, 금잔화 등 스물 대여섯 가지나 되는 채소와 꽃들이 자라고 있다.

지인들은 돈도 안 나오는 농사를 왜 그렇게 땀 흘려 하느냐면서 측은하다는 표정이다. 그러나 새로 파종한 종자의 싹이 잘 나오고 있는지, 줄기에 매달린 호박은 밤새 얼마만큼 컸는지 확인하는 즐거움에 날마다 일어나자마자 밭으로 달려가곤 한다. 그러고 보니 팬데믹(pandemic, 새로운 질병의 전 세계적 유행) 상황에서 노인들에게 가장 좋은 일거리가 바로 농사일인 것 같다. 코로나19 창궐은 지난 수십 년간 생산성 향상이나 글로벌리즘에 내몰리기만 했던 농업이 본래 지니고 있었던 건강과 치유의 가치를 재발견하는 계기로 작용하고 있는 듯하다.

농산촌에는 자연환경이나 지역사회 유지, 전통문화와 상부상조 정신처럼 금전으로 환산하기 어려운 가치도 있고, 수자원 함양이나 산소 배출 그리고 토양 유지 등 금전으로 환산이 가능한 가치도 있다. 이들의 가치를 최대한 활용해서 자본주의의 단점을 보완할 수 있는 수단이 곧 '농산촌자본주의'가 아닐까 생각한다. 즉, 농산촌자본주의는 농산촌의 금전으로 환산 불가능한 가치와 환산 가능한 가치의 쌍방을 발굴하여 도시주민과 지역주민이 함께 그 가치를 최대한 활용하도록 하자는 생활철학이다. 예를 들면 산림파괴가 진행되면서 제재 과정에서 나오는 톱밥 등을 바이오매스(biomass) 발전 연료로 활용하고 전기를 생산함으로써 산업폐기물 처리비용을 절약하는 등의 방식이다.

실제로 세계인구의 증가, 식량자원의 위기, 수자원 고갈, 지구 온난화와 환경오염 등은 자본주의의 근간이 된 시장경제 논리나 금융자본주의 원리로 해결할 수 있는 문제가 아니다. 때문에 이러한 환경 변화와 자본주의의 틀 안에서 농산촌 생활로 건강을 유지하며 노동과 생산 활동을 함께 해가는 생활방식을 권장하는 농산촌자본주의가 각광받을 것임은 자명하다.

세계경제포럼(WEF)은 '2020 세계 위험 보고서'에서 세계를 위협하는 요인 1위로 '이상기후'를 꼽았다. 그리고 기후변화 대응 실패, 자연재해, 생물다양성 손실 및 생태계 절멸, 인간이 초래한 환경 피해 및 재난 등이 뒤를 이음으로써 환경문제가 상위권을 휩쓸었다. 세계자연기금(WWF)도 최근 '지구의 미래'라는 보고서에서 "지구 생태계 변화로 매년 전 세계 GDP는 최소 4,790억 달러(약 550조 원)의 손실이 발생해, 오는 2050년 총 손실액은 9조 8,600억 달러(약 1경 1,340조 원)에 이를 것"이라고 전망했다.

이처럼 21세기 인류가 직면한 가장 큰 문제는 환경이고, 이를 해결해나가는 국가가 결국은 세계 각국을 선도하는 입지를 확보해나갈 것이다. 따라서 코로나19가 바로 지구환경의 역습임을 인식할 필요가 있다. 의학의 성인 히포크라테스는 "인간은 자연과 멀어지면 질병과 가까워진다"고 했다. 그의 통찰은 지구 전체를 혼란스럽게 뒤흔든 코로나19 사태도 어찌 보면 인간이 만

1천 년의 보약 산수유(국가중요농업유산), 2020, oil on canvas, 72.7×53cm

들어낸 환경오염과 파괴에 대한 자연의 반격이라는 견해와 궤를 같이한다.

코로나19 감염증은 현대의 글로벌리제이션에 대한 경종이며, 세계 경제발전의 질적 전환은 물론 구조 변혁을 요구하는 계기가 되고 있다. 이제 우리는 환경과 조화를 이루고 건강을 지키는 지구촌으로 만들어야 한다. 기업농 스마트팜보다는 가족농 중심으로 농촌 자연경관과 농업의 다원적 가치를 유지하고 보전하는 협동조합 중심의 지역 순환형 경제 공동체를 만들어야 한다. 그래야 유엔(UN)이 선언한 '지속가능한 발전목표(SDGs)'도 달성할 수 있다. 지역 순환형 사회로 전환하기 위해서는 '소규모' '분산' '로컬'의 설계 원리가 작동하는 지방의 시대가 되어야 한다. 재생 가능한 에너지나 식량 등 많은 자원이 존재하는 농산어촌을 부활시키는 국민운동이 필요하다.

최근 한국판 뉴딜 정책이 발표되었다. '그린 뉴딜'이 중요 분야라고 한다. 그런데 막상 '그린'은 잘 보이지 않는다. 지방자치단체 기준 소멸 위험을 안고 있는 지역이 46%라고 하는데 왜 우리의 뉴딜 정책에 농촌문제가 제대로 보이지 않는 것일까.

뉴딜 정책의 원조인 미국 루스벨트 대통령에게는 '민간 국토 보전대'가 있었다. 50만 명의 청년들이 2,650개 지역에 캠프를 만들고 나무 심기와 공원 정비 등 자연자원의 보전을 위한 일을 했다. 이러한 자연보전 활동, 청년실업 대책, 지방의 인재 활용과 경제 활성화를 종합한 사업들이 뉴딜 정책에서 높은 평가를 받았다.

코로나19 이후에는 도시와 농촌이 함께 가는 농촌 · 도시 상생사회를 만들어야 한다. 전통문화를 지키고 상부상조의 정신을 살리는 농가와 농산촌이 유지될 수 있도록 농업력(農業力)과 지역력(地域力)을 발휘하자. 그리하여 답답한 마스크를 쓰지 않고서도 잘 사는, 토마스 모어(Thomas More)가 표현한 유토피아와 같은 곳, 즉 농산촌유토피아(농토피아)를 만들자.

코로나19로 높아진 농산촌의 가치

◆ ◆ ◆

2020년 1월 필자는 '세계농업유산과 지속가능한 발전목표(SDGs)'라는 테마로 세미나가 열린 일본의 산촌 미야자키(宮崎)현 다카치호(高千穗) 지역을 방문하고 있었다. 이곳은 세계농업유산 지역으로 조그마한 산촌마을이다. 세미나는 농업인, 교사와 학생, 공무원 등이 모여 농업유산 보전과 활용을 통한 지역경제 활성화 그리고 SDGs 달성에 대해 논의하는 행사였다. 2015년 유엔이 선언한 내용을 한적한 산촌마을에서 관심을 갖고 민관이 함께 토론하는 모습이 매우 인상적이었다.

귀국길 공항에서 마스크가 품절이라는 말을 들었다. 마스크 품귀 현상은 일시적일 것이라 생각했으나, 거의 1년이 지난 현재 한국인은 1백%가 마스크를 쓰지 않으면 일상생활이 불가능할 정도가 되었다. 모든 국민의 모임, 만남, 회의, 교육 등 일상을 행정력으로 통제한다. 명절에는 고향을 찾는 사람도 크게 줄었다. 정부가 명절 연휴 동안 고향 방문을 삼가도록 전 국민에게 요청한 결과다. 코로나19가 한민족 5천 년의 문화를 단숨에 바꿔버리는 맹위를 떨치고 있다.

2020년은 유례가 없을 정도로 장마가 길었고 태풍도 여러 번 불어 텃밭의 작황이 좋지 않았지만, 씨앗을 뿌리고 수일 후 싹이 올라올 때면 경이감을 만끽하곤 했다. 비가 오는 날은 농막에 들어가 역사와 철학 관련 책을 읽는다. 코로나19 이후 인간의 생활이 어떻게 돼야 할 것인지 생각하며 그림을 그리기도 한다. 불행인지 다행인지 긴 장마 때문에 책을 많이 읽었다. 청경우독(晴耕雨讀) 생활이다.

그런데 최근 코로나19가 농산촌에는 긍정적인 인식을 심어주고 있다. 국내에 마스크 품귀 현상으로 큰 혼란이 있었지만 식량 등 식품 수급은 안정적으로 이뤄진 것이 계기였다. 덕분에 기업들이 한동안 잊혔던 '농촌사랑운동'을 되살려 농촌 노력 지원이나 농산물 구입 등 농산촌의 경제 활성화를 위한 봉사활동을 늘리고 있다.

인구의 절반이 수도권에 몰린 일극집중(一極集中) 현상은 한국의 방치할 수 없는 과제인데, 국민의 눈과 귀가 농촌과 교외로 돌려지는 흐름은 매우 중요한 변화다. 서울 도심인 명동에는 빈 가게가 많이 보이지만 교외로 나가는 길목에서는 드라이브스루 형태의 도시락 판매가 성업 중이라고 한다. 한적한 교외의 빵집이나 카페, 농가 민박, 차박(車泊) 캠핑장을 찾는 사람도 늘고 있다.

농업에 힘이 되는 연구 결과도 줄을 잇는다. 프랑스 몽펠리대학 한 연구진은 코로나19를 이기기 위해 면역력 증진이 필수인데, 한국과 독일의 코로나19로 인한 사망자가 적은 것은 배추와 양배추 발효식품을 많이 섭취하기 때문이라고 밝혔다. 면역력 증진과 신경 안정, 수면 건강 등에 효과 있는 것으로 알려진 인삼제품은 온라인 쇼핑몰에서 2020년 1~9월 동안 전년 동기 대비 68% 매출액 증가가 있었다. 농협중앙회는 소비자가 선호하는 유기농산물 생산 확대와 디지털 유통시스템 강화를 위해 특별위원회를 구성해 농협조직 중심의 유통대책을 마련했다. 또 긴급 재난 등 국가 비상사태에서도 전 국민에게 기초 식량을 안정적으로 공급하기 위해 정부와 긴밀히 호흡을 맞추고 있다.

사실 코로나19와 지구촌의 지속가능한 발전 문제를 연구하다 보면 그 사이에 인간의 욕망이 노출돼 있음을 발견하게 된다. 쓰고, 버리고, 만들고, 허무는 등의 행위를 반복하는 과정에서 환경파괴가 심화하고 있다. 이런 모습은 세계 거의 모든 나라가 비슷한데, 경제적 효율성을 목적으로 대도시 건설이 시작되면서 각종 질병과 지구의 지속 불가능성이 확대된 것이다. 그래서 지속가능한 사회를 구축하려면 지구 에너지의 약 70%를 사용하는 대도시가 변화해야 한다는 주장이 나온다. 그 변화와 치유의 방향이 곧 농업과 농산촌 아니겠는가. 어떤 환경운동가는 '코로나19는 지구촌에 보약이고 인간에게는 독약'이라는 의미의 '지약인균(地藥人菌)'이란 말을 썼다. 이 시대에 절묘한 느낌으로 다가오는 표현이다.

코로나19로 온 세계가 신음하고 있다. 우리의 사랑을 필요로 하는 사람들이 지구촌 곳곳에 너무 많다. 국경을 초월해서 모두가 사랑하는 마음, 배려하는 마음, 상부상조하는 마음을 키워야겠다. 농업, 농산촌 기반의 운동으로 코로나19 위기를 헤쳐나가야 한다. 그것이 지구의 어려움을 해결하고 농산촌 유토피아를 이루는 길이다.

코로나19 이후 가족농과 지속가능한 발전

◆◆◆

유엔은 소규모 가족농(家族農)의 중요성을 인식해 지난 2014년을 '세계 가족농의 해'로 정했다. 이는 지역경제 활성화와 농촌경관 유지 등을 통해 농촌의 피폐화를 막고 지구 환경보전을 가능케 한다는 복합적 목적으로 출발했다. 소규모 가족농의 역할과 가능성을 재평가하고 지속가능한 식량 생산과 식량 안전보장, 고용 창출, 빈곤 및 기아 대책 등을 통해 세상을 발전시키기 위해 이후 10년을 목표 기간으로 정했다.

소규모 가족농이란 '농업 노동력의 과반을 가족 노동력이 차지하고 있는 농림어업'을 말한다. 이는 인적 유대관계, 상호부조와 협력 · 공동투자 · 연대의식 등을 가진 사회집단에 의한 농업이며, 자본적 유대가 강한 기업농(企業農)과 대비된다. 세계 농업경영의 85%가 호당 2ha 미만 규모의 농가에 의해 이뤄지며, 이것이 세계 식량 생산의 80% 이상을 담당한다. 다시 말해 소규모 · 가족농업 없이는 식량 확보와 국토의 건전한 이용(보전도 포함한다)을 생각할 수도 없다.

가족농은 식량 공급, 여성과 고령자 고용, 상호부조와 겸업에 의한 안정경영, 적은 환경부담, 사회문화 보전 등의 역할이 높이 평가된다. '세계 가족농의 해'에는 식(食)과 농(農)의 글로벌화 및 대규모화 등으로 인한 부정적 측면, 즉 농산물 가격 급등락, 기후변화, 환경오염, 수자원 고갈 등의 문제가 급속히 표출됐다.

농장의 청계란, 2020, ©최용만

당시 호세 그라지아노 다 실바(Jose Graziano da Silva) 유엔식량농업기구(FAO) 사무총장은 소규모 가족농이 이러한 지구문제의 해결 열쇠를 쥐고 있다고 판단, "가족농 이외에는 지속가능한 식량 생산의 패러다임에 근접하는 대책이 없다" "국가나 지역의 개발을 위해 가족농을 중요시해야 한다"고 주장했다.

가족농은 식량 생산과 농업의 다원적 기능 발휘라는 면에서 중요한 역할을 할 뿐만 아니라 모든 나라의 경제, 환경, 사회 면에서 중요한 요소로 평가받는다.

지금 세계는 지속가능성과 탈(脫)탄소화라는 두 방향으로 크게 나아가고 있다. '지구의 한계(Planetary Boundary)'라는 개념이 널리 인식되고 있다. 이는 노르웨이 스톡홀름대학의 요한 록스트롬(Johan Rockstrom) 교수가 제창한 개념으로 기후, 수자원 환경, 생태계 등이 본래 갖고 있는 회복력의 한계를 넘으면 불가역적인 변화가 올 수 있다는 주장이다. 즉 생물다양성의 파괴, 기후 변동, 해양 산성화, 토지 이용의 부정적 변화, 지속 불가능한 담수자원 발생, 대기 에어로졸의 변화, 성층권 오존의 파괴 등이 일어날 수 있다는 것이다.

인류는 이미 지구에 많은 부정적 영향을 미쳐, 지구는 인간이 안전하게 살아갈 수 있는 상황에서 벗어나고 있다. 이는 유엔이 2015년 9월 '지속가능한 발전목표(SDGs)'를 정하는 근거가 되었다. SDGs는 2016~2030년까지 지속가능한 세계를 구현하기 위한 17개의 기본목표와 169개의 세부목표로 구성돼 있다. SDGs는 가족농의 가치인 빈곤 퇴치 및 지구의 풍요로움 달성 등과 정확히 일치한다. 경제, 환경, 사회적 과제를 종합적으로 해결하기 위해 공헌한다는 점에서 상호 일치한다. SDGs의 등장으로 명확한 평가방법이 제시돼 가족농의 의의와 중요성이 보다 분명해졌다.

농업경영은 물질순환의 기점이고 기후 시스템이나 생물다양성의 면에서 중요한 역할을 담당한다. 농업의 지속성은 우리네 생활에 유형, 무형의 막대한 혜택을 준다. 국토 보전, 수자원 함양, 경관 형성, 문화 전승 등 다양한 가치가 농업생산 활동으로 가능해지는데 이를 가족농이 담당한다. 농촌 사람들의 영농 활동과 생활은 바로 그런 역할로 이어진다. 오랜 역사와 함께해온 민초들의 경제 행위요, 삶이다.

세계 각지에서 소규모 가족농을 국가 정책의 중심에 두도록 하는 국제적 흐름이 확대되고 있다. 우리도 역사적으로 국가 유지의 중심축이었던 가족농의 중요성을 긍정적으로 평가하고 이의 육성, 지원 정책을 능동적으로 추진해야 한다.

고향마을의 상징-할미꽃, 2020, oil on canvas, 90×40cm

opinion

코로나19 시대, 전원 작가의 삶

글 · 야마시다 소우이치(山下惣一, 농민)

2020년은 코로나19 감염증이 세계를 공포에 휩싸이게 한 해로 역사에 남을 것이다. 의학이 아무리 발전해도 병원균을 완전히 박멸하는 것은 불가능하다. 병균은 매우 강력한 힘으로 형태를 변경해가면서 집요하게 공격해온다. 그것이 바이러스나 세균의 생존 방법이다.

아베 신조(安倍晋三) 당시 수상이 감염 방지를 위해 불요불급의 외출과 이벤트의 자숙을 요청한 것이 2월 26일이다. 그 이후는 마치 계엄령 시대와 같이 일상이 정지되고 스모 경기도, 야구 시합도 무관중 형태로 진행됐다.

감염증은 순식간에 온 세계로 확산해 세계보건기구(WHO)는 3월 11일 팬데믹(세계적 대유행)을 선언했다. 고이케 유리코(小池白合子) 도쿄도(東京道)지사는 감염 폭발의 중대 국면이라고 선언하고 도쿄 시민에게 외출 자제를 요청했다. 현재도 혼란이 이어지고 있고, 금후 어떻게 진행될 것인지 예측하기 어렵다.

'지구에 둥지 튼 흰개미' 인간에 대한 역습 시작

나는 규슈(九州) 북부 대한해협에 인접한 사가(佐賀)현 농가의 장남으로 태어났고, 그 집에 머물며 농민으로 살아왔다. 그래서 자연계 인간의 도리는 지키고 있다. 나의 인식에 의하면 인간은 지구에서 자기 집을 먹어버리는 흰개미와 같다. 우리의 농업 기반은 자연파괴의 원조인 흰개미의 본가와 같다.

남북이 가늘고 긴 일본 열도는 급경사 지형이고 국토의 70%가 산림으로 돼 있다. 만약 이 지형이 좀 완만한 평탄지였다면 근면한 국민성 덕분에 국토의 구석구석이 개간 경작돼 남미 대륙처럼 드넓은 농경지가 됐을 것이다.

나는 남미가 좋아 젊었을 때부터 10여 차례 방문했다. 처음 방문한 1992년에는 리우데자네이루에서 '지구 정상회담'과 함께 개최된 세계 비정부기구(NGO)의 '지구 환경회의'에 참석하고 자연 생태계를 견학한 적이 있다.

회의장에는 여러 개의 부스가 설치돼 있었고, 부스마다 자기들의 주장을 설명하고 있었다. 아마존 원주민 부스에서는 민속의상을 입은 인디오들이 춤추고 노래 부르며 무엇인가 소리를 질렀다. 통역에 의하면 그들의 주장은 이러했다. "세계의 선진국이라는 나라들은 자기 나라의 삼림은 다 벌채해버리고 이제는 우리에게 아마존의 삼림을 지키라고 한다. 우리 삼림은 어떻게 하든 우리 마음대로 할 것이다." 그들은 이렇게 아마존에 모여서 열대우림을 지키자고 하는 선진국 지도자들의 주장에 항의했다. 나는 대단히 공감하는 바가 있어서 손이 아플 정도로 박수를 쳤다. 그렇다. '문명의 전에 삼림이 있었고 문명 후에는 사막만 남았다'는 유명한 말이 있지 않은가?

그 후 남미의 팬이 되어 자주 바다를 건너 그곳을 여행했다. 언젠가 아마존 강의 렌에서 파라과이로 가는 비행기를 타고 쾌청한 낮 시간에 남미 대륙의 상공에서 처음으로 아래를 내려다보았다. 그때의 강렬한 인상이 '인간은 지구의 흰개미'라는 생각을 떠올리게 했다. 극단적으로 말하면 남미 대륙에는 아마존의 삼림을 제외하면 삼림은 거의 없는 상태다. 온 천지가 검붉게 탄 밭이다. 결국 코로나19와 같은 감염증의 발생은 지구가 자기 몸을 지키기 위해 자정작용의 수단으로 흰개미 구제작업을 한 것이란 생각이 든다.

도시지역의 쾌적한 환경은 바이러스에도 쾌적한 환경이다. 지난 1백년을 전후해 여러 팬데믹이 세계를 뒤흔들었다. 1918년 스페인 독감으로 5천만 명 사망, 1981년 에이즈로 2,500만 명 사망, 1997년 조류인플루엔자, 2009년 신형독감, 이번의 코로나19 등이 대표적이다. 결국은 언제나 새로운 유형이 나타난다. 구형은 제압되었다고 하는데 바이러스나 세균도 살아남기 위해 필사적으로 저항력을 길러 다시 출몰하는 기회를 엿본다. 마치 오뚜기와 같다.

인간이 쾌적하게 느끼는 환경이 바이러스의 번식과 증대에 최적의 환경이 된다. 즉 ▲밀폐된 환경(전동차, 버스)에서 장시간 이동 ▲기밀성이 높은 환경(직장과 음식점)에서 장시간 생활 ▲연중 곳곳에서 열리는 축제와 이벤트 ▲직장도 가정도 냉난방으로 겨울에는 따뜻하고 여름에는 시원한 것 등이 바이러스에게는 좋을 수밖에 없다.

결국 바이러스와 세균의 번식에 최적의 환경을 만들어가면서 다른 한편으로 바이러스를 퇴치하자고 하고 있다. 예를 들면 수도꼭지를 열어놓고 밑에 있는 양동이 물을 퍼내고 있는 것과 같다. 코로나19의 감염 확대는 감염병균들도 인류의 덕택에 글로벌화한 것을 의미한다. 수도꼭지를 잠그는 것이 선결 과제지만, 그렇게 갈 수 없는 것이 글로벌화한 현대사회의 문제점이다.

신토불이 식생활과 소규모 가족농업이 존속해야

신토불이(身土不二)라는 사자성어가 있다. 이 의미는 '인간의 몸〔身〕과 이를 양성해준 토양(土)은 둘이 아니고 하나(不二)'라는 이야기다. 이는 오래 전 불교 경전에서 차용해 합성한 말이다. 나는 어렸을 때부터 신토불이 신봉자이고《신토불이 탐구》란 책을 발간한 적도 있다. 이러한 신토불이와 함께 평생동안 일물전체(一物全體), 식물배합(食物配合), 식동평형(食動平衡) 등을 지침으로 생활해왔다. 간단히 설명하면 신토불이는 4리 8방에서 생산한, 계절에 합당한 식재료를 섭취하는 것이다. 일물전체는 식물은 전체가 생명이니까 부분만 먹는 것이 아니고 전체를 다 먹는다는 내용이다. 식물배합은 글자 그대로 여러 가지 식물을 균형 있게 먹는 것이다. 식동평형은 먹는 것과 운동이 균형을 이뤄야 한다는 생활 수칙이다.

신토불이의 가르침에 따라 식생활을 하면 건강 면에서는 문제가 발생하지 않는다. 물론 아무리 안전한 것을 먹어도 병도 있고 괴질도 걸리고 나이가 들면 언젠가는 죽는다. 그러나 그렇게 하지 않는 사람에 비해서 질병 위험은 상당 부분 감소한다. 자기 스스로 가능한 노력을 하는 것이 자기 생명에 대한 최소한의 예의다. 지역주민 모두가 그런 방향으로 신토불이 식생활을 이행한다면 지역의 소규모 가족농업도 지킬 수 있다는 확신을 갖고 있다.

유엔은 지난 2014년 정한 '세계 가족농의 해'를 계기로 소규모 가족농업이 무대의 중앙으로 나와야 한다는 정책적 전환을 요구했다. 토대가 되는 논리가 바로 '지속가능한 발전목표(SDGs)'이며, 이는 '애그로 에콜로지(생태학적 농업)'로 모델 체인지돼야 한다는 주장과 궤를 같이한다.

이렇게 되기까지는 세계 69개국 2억 5천만 농민이 가입한 세계 최대의 농민 조직 '비아 캄페시아'의 역할이 있었다고 전해진다. 결국 세계 소규모 가족농들이 유엔을 움직여 세계 농업의 방향을 전환시키고 있는 셈이다.

세계의 농업 환경은 농경지 15억ha, 농가 5억 7천만 호, 농가당 경지면적 1ha 미만이 73% 등이다. 이들 소규모 농가가 농경지, 물, 연료의 25%를 사용해 전 세계 식량의 70%를 생산한다. 선진국의 대규모 농업은 농지와 화석연료의 80%, 물의 70%를 사용해 세계 식량의 30%만 생산한다는 차이점이 있다.

농산촌 이주와 지역 분산형 경제가 코로나19 해결 방안

2020년 3월 TV에서는 씨름 경기와 축구 시합이 무관중 상태로 진행되었다. 나는 밀감나무의 전정 작업 등 매일 밭에서 일을 했다. 산이나 들에는 만나는 사람도 없다. 코로나19 문제로 타인을 만나지 말라고 하지만 농촌에는 만날 수 있는 사람 자체가 없다.

이처럼 한적한 분위기가 인간이 살아야 하는 최적의 환경이라는 점을 이제까지 생각해본 적도 없다. 코로나19 감염증 예방을 위해서는 농촌 인구 감소가 한탄할 일이 아니고 오히려 즐거워해야 할 일이다. 이렇게 가족끼리 유유자적하는 분위기가 몇 개월 계속되고 있지만 어떤 불편도 없다. 지금 정도의 식량과 농산물 자급 시스템이면 충분하다. 고령의 부부로서는 욕심내는 물건도 없고 필요로 하는 새로운 물건도 없다. 수개월 동안 현금이 거의 필요 없었다.

장기화하는 코로나19 때문에 도시지역 생활의 위험이 줄어들지 않는다. 이런 상황은 역설적으로 농촌생활의 강점을 돋보이게 한다고 생각된다.

"독자 여러분! 농촌의 고향집을 소중하게 생각하시기 바랍니다."

농토피아, 광암마을의 꿈

◆◆◆

전 세계를 혼돈 속으로 몰아넣은 코로나19는 농산촌의 미래에 대해 많은 생각을 하게 한다. 내 고향은 광암(廣巖)마을이다. 평생 농산촌 관련 사업과 깊게 인연을 맺어온 사람으로서, 내 고향 광암마을을 통해 우리 농산촌의 이상적인 모습을 상상해본다.

짙어가는 봄빛에 취했는지 발길은 나도 모르는 사이 광암마을로 향하고 있다. 마을 입구에는 초소가 있고, 그 안에 노인 한 분이 앉아 있다. '광암 공화국(?)'인 마을에 들어가기 위해서는 비자가 필요하다고 한다. 입촌료 5천원을 내면 비자를 발급해준다. 이때 서약서를 써야 하는데 '마을에 들어갈 때 비닐과 플라스틱은 그것이 포장이든 내용물이든 지참할 수 없으며, 마을 안에서 생긴 쓰레기도 그것을 만든 사람이 전부 갖고 돌아가야 한다'는 내용이다.

마을에 들어서니, 콸콸콸! 여기저기서 청류가 흐른다. 돌담길 따라서는 아이들 재잘거리는 소리도 넘쳐흐른다. 60호 주민이 사는 광암마을은 전체가 '에코뮤지엄'이기도 하다. 광암마을에서는 오래 전에 마을의 지도자들이 모여 자연환경과 문화유산을 보전하기 위해 '에코뮤지엄추진위원회'를 구성하고 실천에 옮겼다. 우선 식량과 에너지를 자급자족하기로 결정했다. 식량을 유기농업으로 생산해서 자급자족하는 데는 어려움이 없었다. 유기농산물은 자가 소비를 하고 도시와 직거래도 한다.

그러나 에너지 자급자족은 아직도 쉽지 않은 목표다. 광암마을은 20년 전 '에너지 자급 마을'을 선포했었다. 지구의 석유가 거의 고갈돼 가격이 매년 폭등하는 데다, 지구 온난화 방지를 위해 국가적으로 석유 소비량의 37%를 감축해야 하는 실정이었기 때문이다. 그 뒤 태양열과 풍력을 이용한 에너지를 최대한 활용해왔다. 산림이 1년 성장하는 양만큼 벌채한 목재를 펠릿으로 만들어 마을발전소에서 전기를 생산하며, 난방도 목재 펠릿을 사용한다. 목재 펠릿 2kg이면 석유 1*l*에 해당하는 열량을 낼 만큼 기술이 발전했다. 이렇게 마을에서 소비하는 에너지의 절반쯤을 자급자족한다.

스무 명 남짓한 어린이와 청소년들이 아름다운 자연환경 속에서 힘차게 뛰어다니며 놀고 있다. 마을회관에는 노인 30여 명이 신문지로 종이팩, 즉 에코팩을 만들고 있는데, 출향인사가 경영하는 도시의 유통기업에 납품한다고 한다. 에코팩 만들기는 노인들 삶의 질을 높이기 위해 마을의 지도자가 개발한 일자리로, 폐신문지를 재활용하고 에너지를 절약하여 탄소 배출을 줄일 수 있다.

마을회관 옆에 5백 평쯤 되는 비닐하우스가 보인다. 농협의 영농지도를 받아 주민 모두가 참여해서 토마토와 허브 종류의 농사를 한다. 모두 고설(高設) 재배시설이라 노인들이 허리를 굽히지 않고 농작업할 수 있고, 휠체어를 탄 노인도 농작업이 가능하도록 통로를 넓게 확보했다. 판매는 전량 농협이 알아서 해준다. 비닐하우스를 비롯한 시설은 약 1억 원을 들여 농협이 설치했다. 50%는 군비로 보조를 받고 나머지는 농협이 부담했다. 여기에서 일하는 노인들은 모두 월 30만 원을 받는 농협의 계약직 직원이다. 연령제한은 없다. 비닐하우스 농장 내부에는 30평 규모의 문화(文化)방이 있다. 농작업 틈틈이 휴식을 취하고 노래와 취미생활을 하는 공간이다.

군내 주민의 평균 건강수명이 66세이지만, 광암마을 노인들은 일자리와 소득이 있으므로 건강수명이 10년은 더 길어 76세에 이른다. 일자리 제공이 가장 좋은 복지라는 사실이 증명된 것이다. 광암마을은 한국에서 건강수명이 가장 긴 마을로 인정되어 보건복지부 장관의 '건강복지마을' 특별상을 받았다.

광암마을은 20여 년 전 경관특구로 지정된 바 있다. 앞도랑, 뒷도랑, 샛도랑, 앞냇가는 옛날 모습으로 복원되었다. 도랑에는 가재, 붕어, 새우가 지천이다. 마을사람들은 도랑의 물을 생활용수로 사용한다. 도랑물은 5백m 정도 더 흘러가서 쌀을 생산하기 위한 농업용수가 된다. 이 도랑들은 마을의 생성과 함께 선조들이 석기 혹은 나무꼬챙이로 파서 만든 소중한 문화유산이다. 그래서 행정기관에서 10여 년 전에 유형문화유산으로 지정했다.

음력 정월 14일이면 미륵축제가 열린다. 사람들은 미륵보살이 국가의 지도자가 탄생하게 하는 신령한 힘을 갖고 있다고 믿으며, 미륵보살상 앞에서 마을의 평안과 안녕을 기원한다. 그래서 미륵축제 날에는 이 마을의 출향인사 3백여 명이 모여든다. 냇물 건너 널찍한 기슭에 할미꽃이 만발하는 4월에는 할미꽃축제도 열린다. 축제는 출향인들에게 고향의 추억을 되살려준다. 광암마을을 찾아온 사람들은 "고향이 도시생활에서 경쟁으로 인해 생긴 마음의 상처를 치유해주는 안식처"라고 입을 모은다. 마을 입구에 있는 40개 고인돌은 10여 년 전 세계문화유산으로 지정되었으며, 이를 기념하여 가을에는 고인돌축제가 열리고 있다. 이런저런 축제로 마을을 찾는 관광객이 한 해에 50만 명이 넘는데, 그때마다 축제장에서는 농산물 직거래 시장이 함께 열린다.

이 농산물들은 모두 유기농업으로 생산한 것이다. 논둑과 밭둑이 잘 정리되어 풍요와 아름다움을 느끼게 하는 이 마을은 사실 전체가 유기농업특구이기도 하다. 지금은 고인이 된 한 지도자가 유기농업의 중요성을 설파했는데, 주민들이 유기농업을 결의했던 것이다. 수확한 유기농 콩으로 여름철에 맷돌을 돌려가며 만든 콩국수는 인기가 매우 높다.

물론 논농사와 밭농사를 노인들이 모두 하기는 어렵다. 그래서 농번기 때는 도시에서 온 청년들이 마을사람들을 도와 농사일을 하는 모습이 여기저기서 보인다. 청년들은 자발적으로 광암마을에 와서 농사일을 돕는다. 이것이 가능한 이유는 '봉사활동 마일리지' 제도 덕분이다. 농촌에서 봉사활동을 한 도시 청소년은 그 시간을 마일리지로 적립하고 유기농산물로 환산해서 배송받을 수 있고, 도시에서 유기농산물을 구입할 때 활용할 수도 있다.

봄빛 속에 잠겨 있는 광암마을은 에코뮤지엄과 경관특구, 유기농업특구의 상징이다. 에너지를 자급하는 최초의 마을이고, 건강수명이 가장 긴 건강마을이며, 연간 관광객이 많기로도 유명하다. 이 마을이 이렇게 된 것은 유능한 지도자의 창의력과 희생정신, 주민 모두의 화합과 품앗이 정신, 그리고 협동조합운동이 합쳐진 결과다. 이 마을의 활동은 매년 영어, 중국어, 일본어 등 3개 언어의 유튜브 콘텐츠로 제작되어 인터넷을 타고 전 세계로 발신된다. 그 때문인지 최근에는 유럽 관광객이 장기간 농박을 하겠다며 찾아오는 경우도 있다.

코로나19 대유행 이후 광암마을 방문객이 더 늘었다. 몇 채 있던 빈집도 모

그리운 내 고향, 2017, oil on canvas, 91×80.3cm

두 도시주민에게 팔렸다. 코로나19로 인한 세계적 대혼돈을 목격한 주민들은 마을의 아름다운 경관과 미세먼지가 적은 공기, 마스크 낄 일이 많지 않은 평상시의 생활환경이 자신들에게 내려진 축복이라는 것을 다시금 깨달았다. 어떤 주민은 코로나19 때문에 식량이 국제적으로 원활하게 공급되지 못하는 사태가 발생할 것에 대비하여 한동안 묵혔던 산골 다랑논을 다시 갈기 시작했다.

얼마 전에는 광암마을에서 나고 자란 청년이 우리나라 최초로 노벨물리학상을 받았다. 그는 시골에서 공부했기 때문에 유명한 학원이라곤 구경도 해보지 못했다. 그러나 자연 속에서 생명이 있는 음식을 먹고 자란 덕택에 열심히 공부할 수 있었다면서 상의 공로를 마을주민 모두에게 돌린다고 했다.

광암마을의 도전과 변화를 종합적으로 평가한 총리실에서는 이 마을을 '지속가능한 미래도시 1호'로 지정했다. 이장과 주민들을 초청해 인증서를 수여하고 격려와 함께 축하 파티도 열어주었다. 농협중앙회는 농산촌의 자연환경과 경관을 아름답게 가꾸고 지역순환 경제를 이루어 지역경제를 활성화한 마을을 선정해 농촌과 유토피아를 합성한 '농토(農土)피아' 상을 주기로 하고, 광암마을을 '농토피아상 1호'로 선정했다. 그리고 농협 조합장과 광암마을 이장에게 공로패를 주었다. 요즘 이 마을을 찾는 관광객들은 "코로나19 이후 인류가 추구해야 하는 농토피아의 모델이 바로 광암마을"이라고 극찬한다.

이 즐겁고 행복한 상상을 그냥 상상으로만 간직할 것이 아니라, 현실로 만들 수는 없는 것일까. 우리 농촌마을의 주민과 출향인, 나아가 군민 모두가 간절한 목표로 삼아 노력하고 정책이 뒷받침된다면 결코 불가능한 꿈만은 아닐 것이다. 이를 통해 코로나19 이후 농업과 농촌의 방향을 제시하고 한국의 극심한 1극(一極) 도시 집중화 문제 해결의 힌트도 얻을 수 있을 것이다. 혼자서 꾸는 것은 그냥 꿈이다. 그러나 국민 모두가 꾸는 꿈은 반드시 좋은 결실을 맺게 된다고 믿는다.

전원은 신이 만들었다

◆ ◆ ◆

도시는 인간이 만들었지만, 전원(田園)은 신이 만들었다.

내가 아름다운 논밭과 동산에 둘러싸인 전남 영암군 학산면 광암마을에서 산 것은 일곱 살 때까지뿐이다. 그 뒤 도시지역을 전전하며 살았는데, 고향 광암마을의 추억은 항상 애틋한 그리움으로 되살아나곤 했다. 꿈을 꾸어도 배경이 늘 광암마을의 산과 들, 논두렁, 밭두렁이었다. 마을 근처에만 가도 모든 잡념이 사라지고 마음이 평안해진다. 행복감을 느끼고, 모든 피로감이 치유되는 경험을 한다. 전원마을은 나에게 힐링의 공간이고, 행복감이 부스럭거리며 날개를 펴게 하는 터전이다.

'유토피아(Utopia)'란 말을 만들고 같은 제목의 소설까지 쓴 토마스 모어(Thomas More)는 "농촌마을에서 삶을 영위하는 것은 인간의 특권"이라고 했다. 인도의 영웅 간디는 "나라의 독립보다 먼저 마을이 유지돼야 한다"고 했다. 나라의 독립은 투쟁으로 쟁취할 수 있지만 마을은 인간의 존엄성, 화합, 아름다운 문화 등을 지녀야 주민들이 높은 수준의 삶을 누릴 수 있기 때문이다.

하지만 도시화된 삶 속에서 많은 사람들은 마을이 갖고 있는 인간의 존엄성, 협동심, 공동체 정신, 상부상조 등의 미덕을 잃어버렸다. 생활 면에서 과거와 비교할 수 없는 물질적 풍요를 이뤘지만 행복하지 못한 사람이 너무 많다. 우리나라의 출산율은 세계 최하위다. 덴마크는 행복지수 1위이고 우리는 58위다.

공동체 정신이 높은 나라가 행복지수가 높다. 부탄은 국민소득은 2천 달러 정도지만 국민의 73%가 행복하다고 느낀다. 바로 공동체적인 삶이 있기 때문이다. 다행히 나의 고향 영암에는 협동심의 원조인 구림 대동계(大洞契)가 있다. 구림마을은 세계에 자랑할 만한 협동조합의 메카다.

나는 늦깎이 화가로서 평소 이러한 농촌마을, 그 중에서도 세상에 하나밖에 없는 고향 광암마을을 미학적으로 표현하고 싶었다. 그런데 광암마을은 수천 년 걸려서 피와 땀을 흘려가며 쌀농사를 짓기 위해 쇠꼬챙이나 돌멩이, 부지깽이로 파서 만든 물도랑 서너 개가 현대화라는 미명하에 자취를 감추었고 겨우 뒷도랑 하나만 보존되고 있다.

40여 개의 고인돌, 마을의 수호신 미륵불, 할미꽃이 지천이던 산기슭, 춘란과 소나무가 그윽한 향기를 자랑하던 앞산 역시 아련한 추억으로만 남아 있다. 그래서 마을의 가치를 재평가하고 아름답게 보전하기 위한 논의가 일기를 바라는 마음도 화폭에 담았다.

영암의 월출산은 신령한 산이다. 동양인은 기(氣)를 인정하고 느낀다. 기는 김을 올려서 밥을 짓는다는 의미다. 그래서 쌀은 그 기의 원천이다. 쌀밥을 먹어야 기가 살아난다. 남북통일의 기, 국가 발전의 기도 월출산의 기와 서로 통하고 있지 않을까.

월출산의 기는 자연이다. 호랑이는 용맹성의 상징이다. 이를 합하면 용기(勇氣)가 된다. 도전 정신과 모험심이 합쳐지면 나라가 더욱 융성할 것이다. 모든 창조적 행위와 역사 발전은 용(勇)과 기(氣)가 발휘될 때 가능했다. 4차 산업혁명도, 남북통일도 마찬가지라 생각한다.

도시화가 심화될수록 농촌의 새로운 자원으로서 어메니티(amenity, 어떤 장소, 환경, 기후 등이 주는 쾌적성)가 중요시되고 있다. 경관이 빼어난 농산촌 지역에서 노벨상 수상자가 많이 배출되었다. 도산 안창호 선생은 우리나라가 아름다운 나라가 되기를 기원했다. 김구 선생은 문화국가가 되기를 소원했다. 이들이 원했던 나라는 경제대국이나 군사대국이 아니었던 것이다.

위대한 선각자들이 꿈꾸었던 나라, 농촌마을의 아름다운 자연과 전통문화를 보듬은 나라가 품격 높은 나라다. 그렇다면 우리 영암은 아름답기가 신이 만든 작품이나 진배없고 전통문화도 곳곳에 스며 있으니 나라의 품격을 높이는 데 크게 기여하고 있는 것 아니겠는가.

이 영암과 고향 광암마을의 모습을 일부나마 화폭에 담고자 하였다. 그러나 신이 만든 작품, 전원을 어찌 한 인간이 온전하게 표현할 수 있으랴. 졸작을 내놓는 마음이 그저 민망하고 조심스러울 따름이다.

원초적 희망이 있는 마을공동체

◆◆◆

“나라의 독립은 투쟁으로 쟁취할 수 있다. 그러나 그 속에 있는 마을은 한번 파괴되면 회복이 불가능하다. 마을은 인간의 존엄성, 구성원의 화합, 아름다운 문화를 갖는 높은 수준의 삶을 의미한다.” 마하트마 간디(Mahatma Gandhi)의 말이다.

'마을'은 말이 있는 곳, 즉 말이 소통되고 대화가 있는 곳이다. 중국에서 '촌(村)'은 나무가 질서 있게 서 있는 의미를 내포한다. 일본어는 마을을 '무라(村)'라고 한다. 무라는 무리지어 산다는 뜻에서 유래했다.

고향마을을 찾을 때마다 지역주민의 고령화로 활력을 잃어가는 모습을 보면 안타까운 마음이 든다. 65세 이상 고령자가 50%를 넘는 마을이 수두룩해도 문제의식을 갖고 있는 지도자는 별로 보이지 않는다. 고령자가 50%를 넘으면 마을의 공동체적 삶이 불가능하다. 마을의 기능이 상실된다. 생태계가 파괴되고 자연경관과 생활용수의 유지가 불가능해진다.

농산촌 지역이 아름다운 나라가 품격 높은 국가로 불린다. 농산촌 마을의 유지는 농민만의 문제가 아니다. 도시 소비자는 물론 정계 및 재계 인사들도 국가의 장래가 걸린 중대한 문제로 인식해야 한다. 선진국이 되기 위해서도 농산촌 마을이 잘 유지돼야 한다.

인기 드라마 '응답하라 1988'은 도시 이웃끼리 알콩달콩, 고주알미주알 다 털어놓고 부대끼며 사는, 공동체 정신으로 함께한 이야기다. 이 드라마가 폭발적인 인기를 얻은 것은 국민의 밑바닥에 있는 원초적인 희망과 바람이 표출됐기 때문이라고 할 수 있다. 지금과 같은 물질적 풍요는 있으나 알콩달콩한 맛이 없는 삭막한 삶보다는, 물질의 풍요는 없어도 부대끼며 사는, 인정이 있는 마을의 공동체적 삶이 더 그리운 것이다. 인도의 간디가 국가보다 더 중요시한 마을도 바로 이런 마을이다.

한국 사회는 전통적으로 정과 의리를 강조하는 사회였다. 그래서 과거 마을 중심으로 두레, 품앗이 등의 문화가 발달했다. 강자와 약자를 구분하지 않고 다 함께 인격적으로 대접한 품앗이나 두레는 얼마나 인간적인가. 우리네 공동체 문화의 우수성이 여기서 여실히 드러났다.

현재 우리의 공동체 지수는 경제협력개발기구(OECD) 국가 중 최하위다. 공동체 지수는 어려움에 처했을 때 이웃이나 친구 등 사회적 네트워크의 도움을 받을 수 있다고 생각하는 사람의 비율이다. 우리는 젊은이들의 행복지수도 최하위다.

국민의 행복지수를 높이고 농산촌의 경관과 자연환경을 유지하여 품격 높은 국가가 되기 위해서도 마을이 유지돼야 하는 것이 이런 이유다.

북미의 원주민 이로쿼이 족은 마을의 작은 나무 한 그루를 베어야 하거나 마을에 흐르는 조그마한 개울을 메우려고 할 때도 그냥 순간적으로 결정하지 않는다. 이 마을의 7세대 후, 즉 210년 후에 어떻게 될 것인지 예측하고 문제없다고 판단되면 마을 주민 모두의 의사를 물어 결정한다. 마을의 모든 자연은 지금 살고 있는 주민만의 것이 아니며, 선조로부터 물려받아 후대에 전해 주어야 하는 자산이므로 매우 신중하게 생각해야 한다는 것이다.

우리는 나무 한 그루가 아니라 수천 년 이어온 농업용 도랑과 고인돌, 미륵 등 문화유산을 미래의 후손을 위해 보전하고 자랑스럽게 여기고 있는지 돌아보아야 한다.

서울시는 오래된 빵집과 음식점 등을 보존하기 위해 미래유산 제도를 운영하고 있다. 훼손되거나 사라질지 모를 근현대 유산을 미리 보존하자는 취지다. 우리 농촌도 마을마다 있는 유무형의 유산을 미래유산으로 인정하고 지금은 문화유산으로 지정하기 어렵더라도 기록하고 보존해서 후손에게 남겨 주어야 할 의무가 있다.

일본의 한적한 산골마을 마니와(眞庭)에 있는 작은 빵가게가 도시민과 지방행정의 주목을 받고 있다. 한국인 관광객도 엄청 많다. 지역 내에서 생산된 밀과 농산물을 원료로 사용한다. 이스트를 사용하지 않고 토속 미생물을 사용해서 자연 발효하는 빵을 만든다. 일주일에 3일만 빵가게를 오픈한다. 빵을 팔아 얻은 소득은 모두 지역 내에서 사용한다. 빵 하나에 5천 원 정도로 도시 빵보다 2배 이상 비싸다. 빵을 팔면 팔수록 지역경제가 활성화되고 자연과 환경 생태계의 풍요와 다양성이 회복된다. 지역 내 순환경제의 심벌이다. 마을이 유지되어야 한다는 메시지를 실증적으로 보여준다.

마을의 자치는 민주주의의 작은 정치, 작은 경제, 작은 복지의 기초다. 마을이 건강하면 그 국가의 정치도, 경제도, 복지도 건강하다. 우리의 농산촌 마을이 재평가돼야 하는 이유다.

도시인이 안식 얻는 21세기 도원향

◆◆◆

몇 해 전 연말 영암군 구림마을에서 열린 '문화가 있는 날' 행사에 참석했다. 호남의 명촌으로 고즈넉한 돌담길과 노송, 미술관과 도자기 박물관, 아름다운 한옥이 펼쳐진 구림마을은 70여 년 전 어머니와 함께 찾았던 외가 마을의 아늑하고 훈훈한 정을 생각나게 했다.

그날 나는 구림마을의 대동계사(大洞契舍)에서 농업과 인문학을 테마로 강의를 했다. 강의에는 필자의 형제자매 네 명을 비롯해 평소의 지인들, 영암 주민 등 50여 명이 참석했다. 옛날 사랑방 분위기가 물씬 나는 대동계사에서 고향과 정, 그리고 농업 이야기를 나눴던 것이다.

강의를 마친 뒤 귀로에서 열차가 달리는 내내 참석자들의 면면과 정 이야기를 듣던 주민들의 반응을 되새기며 고향의 발전에 대해 생각을 해보았다. 경기도 집에 도착해 잠자리에 들면서까지도 내 고향 발전을 위한 방안은 무엇인가 하는 생각이 끊이지 않았다.

고향의 정(情)을 팝시다

21세기는 고향의 정(情)을 가장 그리워하는 시대이다. 우리는 일상생활 속에서 기계화, 컴퓨터화, 자동화로 인해 딱딱하고 차가운 기계를 상대하는 경우가 많다. 축제의 날만큼은 기계와 자동화를 물리치고 사람끼리 대면하면서 정을 팔 필요가 있다. 이날만은 슬로시티와 슬로푸드를 즐길 수 있게 '시골여행 # 정' 문화행사로 거듭나야 한다. 옛날 시골 오일장의 정과 외갓집의 훈훈한 정을 축제 마당에서 즐길 수 있다면 방문객들이 얼마나 좋아하겠는가.

우리는 세계 어느 민족보다 정이 많은 민족이다. 서양인들은 밥 한 그릇씩 먹은 뒤 '더치페이(Dutch pay)'라고 해서 각자 돈을 낸다. 일본인은 내가 먼저 베풀면 반드시 베푼 만큼만 돌려받는다. 인간의 본성인 정을 꼭 잣대를 들이대서 계산해보고 그만큼만 주고받는 것이다.

그런데 유독 정이 많은 영암 주민들은 6 · 25전쟁 때의 가해자와 피해자가 서로 용서하고 화해를 통해 평화를 이루는 위령탑을 건립했다. 그 위령탑이

왕인 유적지 건너편 솔밭에 있다. 이 지역에서는 전쟁 당시 302명의 무고한 주민이 영문도 모른 채 학살당했다. 조그만 집 안에 양민을 가두고 불을 질러 학살했던 비극의 합동묘지도 위령비 앞에 동산처럼 자리 잡았다. 이처럼 가해자를 용서하고 화해할 수 있는 정은 바로 450년 전 시작된 대동계 정신과 공동체 정신에서 비롯되었다고 믿는다. 세계 어느 나라에도 없는 이 훈훈한 정을 우리 영암이 팔자.

사람과 상품의 신용을 팝시다

물질문명 발달로 삶이 풍요로워졌지만 사람들의 일상생활에서 신용은 향상되지 않은 것 같다. '무신불립(無信不立)'이라는 말이 있다. 사람이 살아가는 데 가장 중요한 미덕은 신뢰라는 뜻이다. 개인도, 지방행정도, 국가도 신용은 기본이다.

영암의 농산물과 관광상품 역시 일시적인 이익보다는 미래를 보는 신용이 무척 중요하다. 영암 지역사회 모두가 어느 지역보다 거짓이 적고 상품이 신용을 얻는다면 그것만으로도 다른 지역보다 발전하는 경쟁력이 될 것이다.

일본에는 1백 년 이상 된 기업이 5만 개 있다. 한결같이 상품을 파는 것이 아니고 '신용을 판다'는 것을 사시로 하고 있다. 이제 왕인박사와 도선국사의 고장답게 영암도 달마지쌀, 대봉감, 무화과 등에 신용을 붙여서 팔자. 주민의 신용은 관광산업에도, 농산물에도 부가가치를 창출하는 핵심이다.

오염되지 않은 자연을 팝시다

인간은 자연에서 멀어지면 질병과 가까워진다는 것이 정설이다. 농업인은 자연에서 배워야 하고, 병원의 의사는 농업에서 배워야 한다. 살아 있는 자연과 조화를 이뤄야 지속가능한 삶을 영위할 수 있다. 그래서 영광 출신 철학자 고(故) 이을호 박사는 신토불이적 생활이 21세기의 인류 생존 법칙이 돼야 한다고 주장했다.

인간의 정신과 육체를 조화롭고 건강하게 하려면 오염되지 않은 자연에서 살아야 하고 섭취하는 농산물에 생명력이 있어야 한다. 건강하고 생명력 넘치는 농산물을 먹는 것이 건강 장수의 기본이다. 사람의 몸은 음식물로 이뤄지는데 음식물, 즉 농산물은 건강하고 활력 있는 땅에서 생산되어야 하는 것이다.

'나는 자연인이다'라는 TV 프로그램이 인기가 있는 것도 시청자들이 자연을 흠모하고 있어서다. 월출산국립공원과 문화유적이 있는 영암의 맑은 공기와 물, 아름다운 자연경관을 팔자.

업그레이드된 축제를 팝시다

영암에서는 '왕인벚꽃축제' '무화과축제' '대봉감축제' '시골여행 # 정 문화행사' 등 다양한 행사가 열린다. 영암을 찾는 관광객이 연간 3백만 명 정도인 것으로 알고 있다. 경제적 효과는 별개로 하고, 영암 군민 6만 명이 축제에 대한 이해를 어느 정도 하고 있는지, 그리고 얼마나 즐거움을 느끼는지에 대해서는 의문이 든다.

축제가 성공하기 위해서는 먼저 지역주민이 축제일 그날만은 몰입해야 하고, 즐거워해야 한다. 군민 모두가 영암의 역사와 문화에 대해 자부심을 갖고 외부 관광객에게 설명할 수 있는 지식을 지녀야 한다. 일본은 전국 곳곳에서 연중 축제가 열린다. 여러 지역에서 지역주민을 상대로 축제장에 입장하기 전 '지역 검정'이라는 시험을 쳐서 결과가 좋은 주민에게 상을 주는 것을 보았다. 주민 모두에게 지역의 역사와 문화에 대한 상식을 높이고 자부심을 심어주어 외부인에게 일상에서 홍보할 수 있게 하려는 목적에서다. 그렇게 노력해서 축제가 성공하고 지역주민의 참여도가 높아지면 지역경제 활성화에도 도움이 된다.

'도기박물관'과 '대동계'를 관광상품으로 활용해야 한다. 먼저 지역주민 모두가 쉽게 접근할 수 있고 이해할 수 있는 프로그램을 만들면 어떨까? 주민 모두가 자부심을 갖고 우리 금송아지가 최고라는 생각이 들도록 하면 어떨까?

일본 유후인(由布院)이라는 지역은 인구가 1만 1천 명에 불과하지만, 미술관이 22개나 있고 관광객도 연간 4백만 명에 이른다. 나오시마(直島)라는 작은 섬은 전체가 미술관인데, 한국인 관광객도 상당히 많이 방문한다. 예술과 자연환경으로 먹고사는 지역인 것이다. 영암도 지역주민 모두가 정성을 쏟는, 활력 있는 축제로 업그레이드해 재미 좀 보자.

기발한 스토리를 팝시다

스토리가 미래의 핵심 산업이라고 한다. 세계적인 기업인 애플이나 구글이

스토리를 만들어내는 사람을 고액의 연봉을 제시하며 모집한다. 그냥 평범한 글을 쓰는 것이 아니라 상상력을 통해 엉뚱한 글을 쓰는 사람을 찾는다.

30여 년 전 서울의 한 음식점 벽에 붙어 있었던 술 광고 포스터가 생각난다. 그 포스터에는 청년이 바짓가랑이를 걷어 올린 노인의 종아리를 회초리로 때리는 장면이 묘사되어 있었다. 이 노인은 실제로는 청년보다 젊은데 'OO주'를 안 먹어서 갑자기 늙어버렸다는 내용이었다. 이 스토리 마케팅으로 인해 그 술의 인기가 폭발한 때가 있었다. 요강이 깨진다는 복분자 술 이야기도 그렇다. 마법사들의 이야기인 해리포터 시리즈의 경제적 가치는 우리 현대자동차가 연간 수출로 얻는 경제적 효과와 비견된다.

대동계라는 세계 최초의 협동조합, 왕인박사의 탄생지 및 유교문화 발상지, 도선국사, 세계 최대의 자연석 큰바위얼굴상 등 영암의 이야기들이 좀 더 재미있게 표현되었으면 한다. 영암의 기발한 이야기가 발굴되기를 바란다.

고령화 사회의 건강수명을 팝시다

고령화 사회가 되면서 건강수명의 연장이 가정은 물론 국가적 과제이다. 병원에 들락거리지 않고 사는 건강수명이 한국은 65세, 일본은 75세다. 두 나라의 평균수명이 82세로 동일한데, 우리는 17년 동안이나 질병을 앓으며 살지만 일본인은 7년 정도만 병원 신세를 진다. 이 10년의 차이를 어떻게 축소하느냐가 국가적 과제인 것이다.

일본 국영TV가 인공지능을 통해 조사한 바에 의하면 일본에서 건강수명이 가장 긴 지역은 야마나시(山梨)현으로 밝혀졌다. 야마나시현은 후지(富士)

녹색 한우, 2016, oil on canvas, 72.7×53cm

산 뒤편 한적한 농촌지역이다. 도서관과 미술관이 일본 내에서 가장 많은 것이 특징이고, 주민 모두가 이 시설들을 즐겨 찾는 것이 건강 생활의 비결이라고 한다. 영암은 도서관도 유명한 미술관도 있으니, 주민들이 이를 생활 속에서 즐긴다면 한국에서 건강수명이 가장 긴 군이 될 것으로 생각한다.

필자가 어느 곳에서 살든 밤에 꾸는 꿈의 무대는 언제나 고향의 아름다운 자연, 산과 들이다. 앞냇가 뒷도랑 감돌아 흐르는 맑은 물과 지천으로 피어 있는 할미꽃의 그리움을 안고 살아가고 있다. 일곱 살까지 살았던 고향의 정이 그립고 그때의 추억을 찾기 위해 고향마을에 자주 간다. 고향에 가면 허리 구부러진 할머니들이 반갑게 맞아주신다. 아름다운 추억은 명약이다. 치유가 된다. 그래서 이 글도 쓴다.

이 글은 필자의 고향마을을 위한 것이지만, 더 확대하면 방방곡곡의 모든 마을들에도 적용될 수 있을 것이다. 그들이 마을의 정과 신용, 오염되지 않은 자연, 고유의 스토리, 건강수명 등을 팔아 이 나라 농산촌이 21세기 도원향(桃源鄕)으로 거듭나고 도시인들도 그 품에서 안식을 얻을 수 있기를 소망한다.

축복받은 녹색 땅

◆ ◆ ◆

필자의 고향마을에는 망월천이 있다. 망월천은 영산강 지류로, 사철 옥류(玉流) 같은 맑은 물이 흐른다. 고향마을은 이 하천의 최상류에 있다.

필자는 이 마을에서 태어나 일곱 살 때까지 살다가 인근 목포에서 초등학교를 다녔다. 그러다 방학이 되면 고향마을로 돌아와 거의 매일같이 개구쟁이 친구들과 마을 앞 냇가를 쏘다니며 놀곤 했다.

어머니는 방학 동안이나마 아들이 좋아하는 반찬을 만들기 위해 애쓰셨는데, 아직도 잊히지 않는 것이 바로 토하젓이다. 어머니가 대바구니나 조리를 들고 앞도랑과 샛도랑에 우거진 수초의 물에 잠긴 부분을 몇 군데 훑으면 펄떡펄떡 뛰는 토하가 잡혔다. 이 토하에 고추, 마늘 따위의 양념을 넣고 찰밥에

섞어 절구로 찧으면 즉석 토하젓이 만들어졌다. "배고프지잉? 아나 언능 묵어라" 하며 토하젓 반찬을 곁들인 점심상을 들이미시던 어머니의 모습은 수십 년이 지났건만 여전히 생생하다.

이 토하가 꽤 오래 전 망월천에서 사라져 두고두고 아쉬웠는데, 최근 들으니 요즘 다시 잡히고 있단다. 바로 유기농업 덕분이다. 망월천 상류 지역의 유기농업은 천해교회 박윤재 장로가 13ha의 논에서 유기농 쌀을 생산하며 궤도에 올랐다. 지금은 광암, 용산, 샘바데 들과 용소리 들 등 모두 5백ha에서 유기농 쌀을 생산해 생협 등의 유통 채널을 통해 전량 판매한다. 유기농업은 농가소득 증대뿐 아니라 망월천과 학산천의 수질이 정화되고 1급수에서 사는 토하가 다시 돌아오는 기적을 가져온 것이다. 그 덕분에 매년 10월 말 토하축제가 열려 인근 도시 주민들에게 큰 인기를 끌고 있다.

이러한 변화를 경험한 농민들은 모두가 환호성을 올리며 더 열심히 유기농업으로 쌀을 생산하기로 의기투합했다. 누가 지시하거나 권하지 않았지만 스스로 유기농업과 관련해 사전 교육을 받고 선진지 견학 길에도 올랐다. 특히 젊은 농민 박 다니엘 씨는 인터넷을 검색해 충남 홍성군 문당리의 유기농업 공동체 모범 사례를 파워포인트(PPT) 교육 자료로 제작, 그곳으로 견학 가는 두 시간 동안 버스 안에서 동료 농민들에게 자료 화면을 보여주며 사전 교육을 하기도 했다.

'여행은 노는 것이 아니라 최고의 학습이며, 아는 것만큼 보인다'는 마음으로 문당리를 찾은 농민들은 촌장 주형로 선생으로부터 '문당리 지역 농업 발전 1백년 계획'에 대한 설명을 들었다. 사전 교육 덕분에 대부분의 농민들이 고개를 끄덕이며 설명을 잘 이해했다.

그런데 견학을 마치고 홍성에서 영암으로 돌아가는 버스 안의 분위기가 무거웠다. 선진지 견학이라고 하면 으레 술잔도 오가고 왁자지껄하기 마련 아닌가. 하지만 이날 농민들은 평소와 달리 진지하기만 했다. '우리도 한번 해보자'는 마음 때문이었을 것이다.

선진지 견학을 다녀온 농민들은 10여 일 후 뒤풀이를 겸해 다시 모였다. 이 자리에는 박윤재 장로 내외와 그의 아들 다니엘, 20여 명의 농민 부부, 군청과 농협 직원, 필자 등 모두 30명가량이 참석했다. 토론에 나선 농민들에게서 쉽게 자포자기하던 예전의 모습은 더 이상 찾아볼 수 없었다. 길이 보이니 한번 해보자는 의욕이 뚜렷이 느껴졌고, 우리 고향 발전을 정부나 행정에 의존하기보다 스스로의 힘으로 성취해보자는 자발적인 움직임이 눈에 띄었다. 이들은 이미 경험에서 우러난 자신감으로 무장하고 있었다. 망월천과 학산천 일대 5백ha나 되는 면적의 유기농업 정착, 수십 년 만에 돌아온 토하 등에서 자신들은 물론 후손들도 건강하게 살 수 있다는 사실을 확인했고, 망월천을 넘어 본류인 영산강도 살려보자는 목소리를 내기 시작했다.

영산강을 낀 전남은 전국 쌀 생산량의 20%를 차지하는 곡창지대다. 하지만 전국적인 쌀 재고량 때문에 영산강 유역에서 행해지는 관행적인 벼농사가 그다지 희망적이지 못했던 것이 사실이다. 이런 마당에 생명을 중시하는 농업이 망월천과 학산천을 중심으로 본격적으로 확산된다는 것은 시대 흐름에 비춰 겨자씨보다도 더 큰 희망의 싹이라 아니할 수 없다. 영산강 유역 광활한 들녘에 유기농업이 정착되면 영산강이 회복되고 팔뚝만 한 숭어와 농어도 돌아오지 않겠는가. 더욱이 최근 영산강 관련 환경 시민단체들에 의한 영산강 생태복원 운동이 펼쳐지고 있어 전남도민들의 관심도 그 어느 때보다 크다.

영산강이 살아나고 마한과 백제의 전통에 기반한 이 일대의 문화가 다시 꽃피면, 영산강 유역은 전국 어디서나 부러워하는 축복받은 녹색의 땅이 될 것임을 믿어 의심하지 않는다. 이러한 확신은 유명한 학자의 제안 때문도 아니고, 행정기관의 지도에서 느껴지는 것도 아니다. 오히려 이 땅에서 대대로 농사지으며 살아온 애향심 강한 민초들이 나선 것이기에 더욱 믿음이 간다.

사실 유기농업을 통해 영산강 유역을 살리는 것은 일석삼조의 효과를 나타낼 것으로 기대된다. 남아도는 쌀 문제 해결에 기여하는 것은 말할 것도 없고, 지구환경 문제와 국민의 건강 문제에도 긍정적으로 작용할 것이다. 더욱이 이는 지구 온난화 문제를 해결하기 위해 2015년 유엔이 선언한 '지속가능한 발전목표(SDGs)'에도 부합하니, 결코 대한민국 서남부 조그마한 지역에서 펼쳐지는 움직임에 그치는 것이 아니다.

한 사람의 꿈은 그냥 꿈에 지나지 않는다. 그러나 더 많은 농민들이 함께 꿈꾸는 유기농업은 토하가 돌아온 망월천과 학산천을 넘어 숭어와 농어가 뛰노는 영산강을 현실에 실현할 것이다. 눈에 잘 보이지 않을 만큼 자그마한 겨자씨는 이미 뿌려졌다. 환경과 생명을 중시하는 우리 영암 농민들의 협동과 상생의 정신이 이 씨앗을 소중하게 가꿔 창대하게 꽃피울 것임을 믿는다.

인류 존속 철학, 지렁이 꿈

◆◆◆

한평생 살아오는 동안 내게 가장 큰 영향을 끼친 말은 무엇일까? 곰곰 생각해보았다. 인간으로 태어나 부모님, 친지, 선생님 등 주변 사람들의 많은 말을 듣고 산다. 그 들었던 말 중에는 거의 잊고 사는 것들이 많다. 그러나 어떤 말은 지금도 생생하게 기억된다.

우선 네댓 살 시절 어머니가 하신 말씀이다. 농사를 하는 평범한 농촌의 어

흙 한 삽의 이야기, 2016, oil on canvas, 162×130.3cm

머니는 학교가 없던 시절이라 공교육을 받은 적이 없다. 그 당시는 부엌에서 장작을 때 데운 물로 툇마루에서 세수를 하던 시절이다.

어머니는 세수를 다 하고 남은 뜨거운 물을 마당에 훌쩍 버리는 나를 보고 야단을 치신다. 뜨거운 물을 마당에 그냥 버리면 흙속의 지렁이가 죽는다는 말씀이다. 하찮은 지렁이 아닌가. 마당에서 보이면 발로 밟아버리거나 무시해버렸던 지렁이가 죽는다고 야단치시는 어머니의 말을 이해하지 못했다. 어머니의 진지한 표정으로 보아 뭔가 중요한 말인 것은 느낄 수 있었지만 제대로 알지는 못했다. 그 말씀을 이해하게 된 것은 대학에서 토양학을 공부하고부터다.

"지렁이도 밟으면 꿈틀한다"는 속담처럼 지렁이는 그냥 무시해도 되는 미물이 아니다. 지렁이는 흙속의 세균, 미생물, 동물 배설물, 식물 부스러기, 흙 등을 먹는다. 긴 창자를 지나는 동안 흙과 함께 소화되어 그 똥은 작물 재배에 더없이 좋은 비료가 된다. 생물학자 찰스 다윈(Charles R. Darwin)은 땅속의 지렁이 굴을 '흙의 창자(intestine of soil)'라고 불렀다. 인간을 비롯한 모든 동물에 창자가 있다. 그 창자를 통해서 영양소를 공급받지 못하면 생명을 유지할 수 없다. 그래서 지렁이가 흙속의 창자를 만드는 역할을 자임한 것이다. 그는 지렁이가 여기저기 땅속을 들쑤시고 다니기에 흙의 공기 흐름을 좋게 하고 식물의 뿌리 호흡에도 훌륭한 역할을 한다고 본 것이다.

지렁이는 우리나라에 60종류가 서식한다. 지구상에는 7천여 종이 있다. 길이는 30cm 전후이고 긴 것은 3m 되는 것도 있다. 한자로는 지룡(地龍) 또는 토룡(土龍)이라고 한다. 미물이 아니라 용처럼 훌륭하다는 표현인 것 같다. 지렁이는 '토룡탕(土龍湯)'이란 이름의 탕약으로 만들어져 팔리기도 한다.

또 지렁이의 몸에서 혈전(血栓)을 예방하는 약리 성분을 뽑아내어 제약 원료로도 사용한다.

생물학상으로도 지렁이는 미물이 아니다. 지렁이는 자웅동체(雌雄同體), 즉 암수 한 몸이다. 정자를 만드는 정소와 난자를 형성하는 난소가 모두 한 몸에 있다. 하등동물이 대부분 자웅동체이다. 그런데 지렁이는 제 난자와 정자가 자가 수정하지 않고 반드시 다른 지렁이와 서로 정자를 맞바꾼다. 이는 종족의 보존을 위해서 필수적인 사항이다. 이러니 어찌 미물이라고 무시할 수 있겠는가?

지렁이가 없다면 우리의 생태계는 어떨까? 유엔의 '지속가능한 발전목표'의 핵심 사항은 세 가지다. 즉 경제 성장, 사회 발전, 환경 지속성 등이다. 여기서 지구의 지속가능한 발전목표의 중요한 부분이 환경의 지속성이고 지구 생태계의 보전을 어떻게 이룰 것인가 하는 점이 중요시된다. 지렁이가 없는 지구는 지속가능하지 않다는 사실을 우리 모두는 인식해야 한다.

지렁이가 만들어낸 그 흙은 인간이 필요로 하는 우수한 농산물을 생산하는 원동력이 되는 중요한 흙이다. 좋은 흙에서 좋은 농산물을 생산할 수 있다. 흙은 생명의 어머니다. 우리의 생명을 탄생시키는 모태가 된다.

지렁이 꿈을 꾸면 요즘 말로 '대박'이다. 가업이나 기업이 풍성해지고, 재물이 늘어나는 기쁨도 있으며, 명예와 개인의 발전도 이뤄진다는 길한 꿈으로 알려지고 있다.

어머니의 70년 전 그 말씀이 나의 전 생애에 영향을 미쳤다. 지렁이를 통해서 어머니는 흙과 자연의 소중함을 이야기해주시고 지구 생태계 보전의 중요성을 전해주신 것이다.

청소년에게 자연의 추억을

◆◆◆

나는 태어나 일곱 살 무렵까지 고향에서 살았는데 그때의 아름다운 추억이 항상 그립다. 애틋한 추억은 어려움을 극복하는 신비한 힘이 된다. 실제로 어려운 일에 부닥칠 때마다 고향에 가서 친척 할머니, 할아버지들 손을 잡고 인사하며 이야기를 나누다 보면 모든 문제가 다 해결된 것 같아 마음이 평안해진다. 고향은 가장 훌륭한 힐링 캠프인 셈이다.

과거의 모든 것들을 추억으로 바꾸어내는 능력은 우리 인간이 지닌 중요한 연금술의 하나라 할 것이다. 그런 추억들이 행복을 더 크게 만들고, 어려움을 이겨낼 수 있는 힘으로 전환된다. 결혼생활이 힘들 때 연애 시절의 추억을 떠올리면 힘든 과정을 좀 더 잘 극복할 수 있는 것처럼 말이다.

또한 어린 시절의 좋은 추억은 활력이 솟아나게 하는 강장제와 같다. 그러니 돈을 벌기 위해 고민하고 애쓰는 것처럼, 좋은 추억도 만들려고 고민하고 애써야 하지 않겠는가. 필자가 현재까지 나름대로 열심히 살고 있는 것은 어린 시절 고향에서의 좋은 추억과 흑석산, 가학산, 월출산의 기(氣)에서 비롯된 강장 효과 덕분이 아닌가 싶다.

하지만 이제는 농촌 인구가 크게 줄었고, 아이들도 대부분 도시에서 태어나 자란다. 고향 없는 청소년, 시골에서의 추억이 없는 젊은이들이 대부분을 차지한다. 가족들은 자연에서의 좋은 추억을 만들기는커녕 함께 보내는 시간마저 턱없이 부족하다. 콘크리트 빌딩과 아파트 숲에서 부모는 새벽같이 일나가고, 자녀는 학교와 학원으로 뺑뺑이를 도느라 정신없다. 가족들이 모두 귀가하면 이미 밤늦은 시간이니 서로 얼굴 마주 보며 식사 한 끼 제대로 할 여유가 없는 것이 현실이다.

당연히 우리 사회는 인정이 메말라가고 공동체 의식이나 타인에 대한 배려심도 약해져간다. 공동체 의식 결여는 인간의 삶을 팍팍하게 한다. 덴마크와 부탄처럼 행복지수가 높은 나라는 공동체 의식도 강하다고 하지 않는가. 추억도 없고 공동체 의식도 약한 도시에 산다는 것은 분명히 행복할 수 있는 기회를 상당 부분 포기하며 살고 있다는 의미와 다르지 않다.

지구촌 살리는 신토불이, 2017, oil on canvas, 60×50cm

때문에 어린 시절 농촌이나 어촌 등 시골에서 성장하며 자연과 교감하는 것은 매우 중요한 일이다. 이때의 기억은 평생 동안 간직되며, 인생의 중대한 고비에서 추억으로 소환돼 고비를 헤쳐나가는 동력이 되어준다. 정연순 시인은 "추억은 만드는 것이다"라고 했고, 나태주 시인은 "시간은 흘러 돌아오지 않으나 추억은 남아 절대 떠나가지 않는다"고 했다. "사람은 추억을 먹고 산다"는 말 또한 그냥 생겨났을 리 없다.

현재 도시에서 살고 있는 중장년층 이상의 많은 사람들은 시골이 고향이다. 이들은 농촌문화를 익히며 성장했고, 성인이 되면서 고향을 떠나 도시문화에 유입되었다. 시골과 도회지를 모두 아는 이들의 삶과 의식은 그 자체로 우리 사회의 소중한 자산일 수 있다. 한 문명과 다른 문명이 만나면 충돌하고 전쟁이 일어나지만, 한 문화와 또 다른 문화가 만나면 상승효과를 낸다고 하지 않던가. 따지고 보면 이들이 있기에 '고향'이라는 말도, '귀농' '귀촌'이라는 말도 그 의미를 지닌다.

그런 점에서 우리 청소년들에게 그리운 고향과 좋은 추억을 만들어주는 것은 매우 중요한 일이다. 흔히 수재나 영재 등 천재성이 있는 사람은 창조력은 있으나 다른 부족한 점이 있기 마련이다. 무한한 창조력과 천재성이 있는 청소년들이 한동안만이라도 도시의 규율과 규칙에서 벗어나 시골에서 자유분방함과 사고의 유연성을 체득한다면, 자신의 부족한 부분을 보완하는 것은 물론이고 문화적 포용력까지 갖춰 천재성을 더욱 크게 발현할 수 있을 것이다.

일본에서 일촌일품(一村一品) 운동으로 유명한 오야마(大山)농협은 대규모 농업공원을 조성하고 있다. 도시인들이 아름다운 추억을 쌓을 수 있게 고향을 만들어주는 것인데, 이곳에서 농산물 직매장과 음식점도 운영하면서 지역발전을 위한 동력을 얻는다. 농협이 자력으로 대규모 투자를 하는 것이지만, 깊이 들여다보면 청소년에게 고향과 추억을 만들어주는 것이 국가적으로도 매우 중요하다는 인식이 바탕에 깔려 있기 때문에 가능한 일로 보인다.

식구(食口)는 한 집에 함께 살면서 끼니를 같이하는 사람이라는 뜻이다. 가족이라면 아무리 바빠도 일주일에 한 번 이상은 밥상에 함께 둘러앉아야 한다. 그래야 서로 소통이 되고, 평화를 얻으며, 아이들은 부모로부터 밥상머리 교육도 받을 수 있다. 이러한 생활이 가능하고 여기에 아름다운 추억까지 덤으로 얻을 수 있는 곳, 그곳이 바로 농촌이며 시골이다.

자연이 있는 고향 농촌에서의 아름다운 추억은 지속적 국가 발전의 원동력이라는 국민 인식이 필요한 시점이다. 미래의 기둥인 청소년들이 자연 속에서 건강에 좋은 농산물과 자연 에너지를 얻고, 지구환경을 생각하며 마을공동체 생활을 통해 즐거운 추억도 쌓을 수 있기를 기대한다.

농민의 소리, 2020, oil on canvas, 99.9×72.7cm

제 2 장

협동조합 복지사회 '쿱토피아'

- 품격 높은 국가가 되려면
- 지역순환 공생경제를 이루자
- opinion 미래사회, 어떻게 디자인할 것인가
- 유엔의 '지속가능한 발전목표(SDGs)'와 협동조합 역할
- 도원향(稻源鄕)!
- 석곡농협 건강수명 100세 프로젝트
- 천년 존속 가능한 협동조합을 위하여!
- 일본 정부와 농협의 충돌, 일본 농협은 어디로 가나
- 농협본부장으로서 아쉬웠던 기억

품격 높은 국가가 되려면

◆◆◆

협동조합이 중심이 되어 주민들의 복지가 최고도로 실현된 세상을 '쿱토피아(Cooptopia)'라 한다. 현실화한 협동조합 이상사회라고나 할까. 이 같은 사회는 지구촌 모든 이들이 바라는 것일 게다. 그리고 쿱토피아가 받쳐내는 국가야말로 이상(理想) 국가라 할 수 있다.

그런 이상적 국가까지는 아니더라도 우리는 자신과 후손들을 위해 품격 높은 국가를 만들어나갈 의무가 있다. 사람에게 인격이 있듯이 국가에도 품격이 있다. 품격 높은 국가는 산업과 문화가 고루 발달하고, 국민의 의식수준이 높으며, 삶의 질이 우수한 나라를 가리킨다.

국가의 품격을 가늠할 때 특히 농촌 어메니티(경관)와 전통문화의 보전이 크게 작용한다. 국민소득이 현재 3만 달러를 넘었다고 하더라도 농촌의 자연환경이 파괴되고 향토문화가 절멸한다면 국제사회에서 결코 품격 높은 국가로 인정받지 못할 것이다.

일본은 국민총생산액이 영국의 2배를 넘는다. 1인당 소득도 영국보다 높다. 그러나 국제적인 영향력이나 존경의 대상은 영국이지 일본은 아니다. 오히려 일본이 돈만 생각하는 '경제동물'이란 비난을 받는 것을 볼 때 품격 높은 국가를 이루는 것이 얼마나 중요한지 알 수 있다.

요즘 우리 국민들 가운데는 유럽을 여행하고 돌아와 그곳의 아름다운 농촌과 전원풍경을 극찬하는 사람들이 많다. 하지만 그 아름다움은 거저 얻어진 것이 아니다. 온 국민이 농업과 농촌을 사랑하고 보호하여 지역경제의 활성화를 이룸으로써 갖춰진 것이다.

나는 태어나 만 7세까지 살았던 고향마을을, 나를 낳아준 어머니처럼 좋아한다. 그래도 아직은 전원풍경이 아름답고 주민들 사이에 인정이 넘치는 마을이기 때문이다. 그러나 65세 이상 인구가 70%를 넘는 한계마을이 돼버린 고향마을의 미래를 생각하면 가슴이 답답하다. 비단 이 마을만이 아니고 우리나라 거의 대부분의 농산촌 마을이 비슷한 상태일 것이다. 농산어촌이 황폐화되는 것은 국가적 불행이다.

많은 나라가 농업을 유지하고 식량을 자급하기 위해 노력하는 것은 농업이 갖는 다원적 기능(수자원 함양, 경관 유지, 공기 정화 등)과 국가의 품격이 걸린 문제이기 때문이다. 농촌이 황폐화되면 도시 생활자들의 식수는 어디서 구할 것인지부터 생각해야 한다.

노벨상 수상자 발표가 있을 때마다 왜 우리는 노벨상 수상자가 한 명밖에 없느냐며 아쉬워한다. 김대중 전 대통령이 노벨평화상을 받은 적 있지만 과학, 문학 등 다른 분야에서는 아직 수상자가 나오지 않았다. 노벨상 수상자의 70% 이상이 경관이 아름다운 농산촌 지역에서 나고 자랐다고 한다. 수상자가 없음을 탓하지 말고 먼저 농산촌의 경관 유지 대책을 고민해야 한다는 생각이 든다. 학문 간의 융 · 복합과 창조를 필요로 하는 이 시대에는 더욱 농산촌의 경관 유지가 중요한 국가적 과제가 돼야 한다.

다음으로 생각할 수 있는 과제는 국민의 독서량이다. 우리 국민의 독서율은 경제협력개발기구(OECD) 회원국 평균보다 낮다. 국민 10명 중 4명은 1년 동안 단 한 권의 책도 읽지 않는다. 출판사가 문을 닫고 대학이 있는 거리에 술집만 늘어나며 서점은 보기 드물다. 아무리 정보통신기술(ICT) 시대라 하더라도 책을 읽는 것은 창조력과 국민의 품성을 높이는 데 대단히 중요하다. 미국의 시사문예지 '뉴요커'는 "한국인은 책을 안 읽으면서 노벨문학상만 바라고 있다"고 꼬집었다. 부끄러운 일이다.

마지막으로 신용사회인지 아닌지가 품격을 좌우할 것으로 생각한다. 거짓과 사기가 난무한다면 아무리 소득이 높아도 품격 높은 국가가 되지 못한다. 아랍국들이 석유를 갖고 있어 4만 달러 소득이 되었어도 고품격의 나라로 인정받지는 못한다.

국제투명성기구(TI)가 발표한 2019년 우리나라의 부패인식지수는 1백 점 만점에 59점으로, 180개국 중 39위다. 이는 최근 몇 년간 많이 개선된 것이지만, 경제 규모 10위권의 선진국치고는 부끄러운 순위다. 세계경제포럼(WEF)은 우리나라 사법부의 독립성을 140개 국가 중 69위로 발표했다. 이는 중국은 물론이고 아프리카의 코트디부아르나 케냐보다 낮은 수준이다.

경제협력개발기구(OECD) 역시 우리나라의 사법부 신뢰도를 42개국 중 39위로 발표한 것을 본 적 있다. 요즘 사법부에서 일어나고 있는 사건을 보고 온 국민이 받은 충격은 너무 크다.

"상품과 서비스를 파는 기업은 흥할 수도 있고 망할 수도 있다. 그러나 신용을 파는 기업은 영원히 존속한다"는 주장을 일본인들 만나면 흔히 듣는다. 1백 년을 넘긴 기업이 일본에는 5만 개가 있다. 이들 기업은 대부분 지금까지 '신용을 판다'는 것을 사훈이나 경영방침으로 밝혀왔다. 우리는 1백 년 이상 존속하고 있는 기업이 몇이나 있을까? 필자가 알기로 두산그룹과 동화약품 회사 2개 정도일 것으로 생각된다. 기업이 생존을 위해 질 좋은 신상품을 개발하지만 기업의 생존을 좌우하는 것은 신용력(信用力)이라는 증거다.

품격 높은 나라를 만들기 위해 국민들이 저마다 무엇을 어떻게 할 것인지 곰곰 생각해보는 기회가 되기를 바라는 마음이다. 쿱토피아에 대한 국민들의 관심도 높아지기를 기대한다.

지역순환 공생경제를 이루자

◆◆◆

지금 우리나라 농산어촌은 이대로 존속 가능한가 하는 의문이 든다. 꿈에도 그리던 내 고향 농촌마을은 꿈속에서만 있을 뿐 현실에서는 없는 공간이 될 것인가? 늘 걱정이 된다. 도시지역에서 물질적 풍요를 이루고 살고 있지만 어쩐지 마음속에는 상실감이 있어 정신적 안정을 회복하기 위해 고향마을로 발걸음을 향하곤 한다.

어린 시절 고향을 떠나 대도시로 나와 학업과 일을 했다. 고향마을의 공동체적 상부상조하는 삶을 잠시 맛보았으나 그 후는 끊임없는 경쟁 속에서 실패와 성공을 반복했다. 이 시대를 사는 우리는 공동사회에서 이익사회로 변해가는 과정에서 생존을 위해 치열하게 경쟁하는 와중에 얻은 것도 있지만 눈에 보이지 않는 소중한 것을 너무 많이 잃었다. 대표적으로 공동체적 삶이라는 인간 본연의 가치를 상실한 것이 아쉽다.

커피 마시는 송아지의 고민, 2016, oil on canvas, 65.2×53cm

신농본주의 시대 도래할지 모른다

지방의 소도시는 대부분 서서히 몰락의 길을 걷고 있다. 거리의 상점들이 셔터를 내린 곳, 즉 '셔터 도시'가 산재한다. 그래서 지역경제 구조를 기존의 시장경제 형태에서 지역순환 공생경제로 만들어야 한다는 주장이 설득력을 얻고 있다.

경제학자 겸 사회철학자인 칼 폴라니(Karl Polanyi)는 "사회적 경제를 통해 시장경제가 이익 창출만을 추구하는 과정에서 많은 문제를 만들어냈지만 공존과 공생을 위한 전통적 경제의 지혜를 살려 지역 중심의 경제를 구현할 수 있다"고 했다. 이는 지역순환 공생경제를 주장한 것과 같다고 할 수 있다. 사실 지방에 투자되는 수많은 재정과 민간기업의 투자금은 생각보다 빠른 시간 내에 다시 대도시로 올라오고 만다. 흔히 지역에 대규모 리조트가 생기면 지역경제가 살아나고 지역민이 잘살 것으로 생각하지만, 전혀 그렇지 않다.

리조트를 방문하는 손님들이 쓰는 돈은 아쉽게도 리조트 내에서만 쓰이고는 다음 날 아침이면 서울에 있는 리조트 본사로 송금되고 만다. 1백 원을 지방에 풀면 2~3개월이면 80원이 다시 서울로 간다고 한다. 이래서 지역순환 공생경제가 필요한 것이다. 지역에 있는 대형마트를 이용하지 않고 작은 상점을 주로 이용하기, 식당 역시도 프랜차이즈보다는 지역 전통식당 이용하기, 제과점도 지역 빵집 이용하기 등이 필요한 시대다.

이러한 자원의 도시 집중화를 방지하기 위해 사회적 경제가 논의되고 마침 유엔은 2015년 '지속가능한 발전목표(SDGs)'를 선언했다.

정신보다 물질, 특히 돈을 통해 만족을 이루려는 쾌락주의 사회에서는 더불어 사는 공동체적 삶이 불가능하다. 사회적 약자에 대한 관심과 배려보다 그들과 함께하는 삶을 오히려 혐오하는 시민의 모습도 많이 볼 수 있다. 그 결과 정의와 형평이라는 사회적 가치보다 자신의 안위와 영달만을 추구하는 사람들이 증가하는 현상이다.

영화 '기생충'이 세계적 관심의 대상이 된 점도 사회적 격차 문제, 빈곤과 환경 문제 등에 지구촌의 모든 인류가 공통적으로 깊이 공감하기 때문이라는 생각이 든다. 어떻게 보면 자본주의가 끝나고 지역농업을 중심으로 물질이 지역 내에서 순환하는, 그리고 공동체적 삶이 중심이 된 신농본주의 시대가 올지 모른다는 생각도 든다.

한국은 역사적으로 농본주의적 사고가 꾸준히 계속되어왔다고 생각한다. 국가 정책적으로는 농업의 대규모화와 시설농업, 기업의 농업 참여 등 개방형 농업도 추구해왔다. 그러나 세계적인 움직임은 역시 가족 중심의 소규모 농업이 중심이었다는 사실을 부인할 수 없다. 쌀농사 중심의 상품 생산이 아니고 오히려 다품종 소량 생산의 방향이 적합하다는 생각이 든다. 그러면서도 가능한 범위에서 환경오염이 없는 지속가능한 농업이 돼야 한다는 생각이다.

협동정신이 주축이 된 복지사회를

지금 세계는 중대한 전환기에 이르렀다. 시장 경쟁을 전제로 한 자본주의는 극단적인 격차와 빈곤을 가져왔고 지금은 거의 한계점에 도달했다는 느낌이 든다. 금후의 미래 지향적 세계는 '경쟁'과 반대되는 '협동정신'이 주축이 된 복지사회가 돼야 한다는 생각이다.

'지속가능한 발전'은 생산과 소비, 인구와 수송, 농촌과 도시, 경제와 사회를 포함한 지구 전체의 시대적 유행어처럼 되었다. 이는 지속가능한 미래를 향한 유엔 정책의 도달점이고 선진국과 후진국 모두를 아우르는 일대 변혁을 요구한다. 어느 국가나 사회도 단독으로는 달성할 수 없는 목표이기 때문에 파트너십, 즉 협동조합 정신이 필수 요건이다.

국제협동조합연맹(ICA)은 일찍이 2020년을 목표로 "경제, 사회, 환경의 지속가능한 발전목표(SDGs) 달성을 위해 주도적 역할을 한다"고 선언했다. 이에 따라 일본 생협은 2018년 '협동 SDGs 행동선언'을 채택했다. 일본 농협도 자기 개혁과 SDGs를 함께 추진한다고 선언했다.

일본 정부는 2018년 지방자치단체에 의한 SDGs달성을 위해 참신한 방향을 제안한 29개 지자체를 'SDGs 미래도시'로 선정해 지원하기 시작했다. 선정된 지자체 장과 지도자를 수상 관저에 초청해 축하 파티를 열었다. 29개 중 특히 선도적인 10개 지자체의 'SDGs 모델사업'에 대해 각각 4천만 엔의 보조금을 지급했다. 그 중의 한 지역인 마니와(眞庭)시는 임업과 목재산업에서 발생하는 부산물을 이용, 관내 필요 전력의 50%를 생산해 자급한다. 풍부한 자원을 활용해 상품을 만들고 돈을 지역 내에서 순환시켜 자립성과 자급률을 높임으로써 지역의 지속가능한 발전을 도모하고 있다. 이처럼 에너지 자급과 농산물 생산 등 지역자원을 활용한 생활을 '마니와 라이프 스타일'로 명명해서 유명한 지역이 되었다.

협동조합의 인간 중심 경영 중요

2015년 반기문 유엔사무총장은 "협동조합의 인간 중심 경영과 환경 중심 경영, 그리고 경제적 신체적 약자를 포용하는 역할은 지구촌을 살리는 SDGs의 달성을 위해 매우 중요하다"고 선언했다. 이같은 협동조합의 기능이 최고도로 발휘될 때 구성원의 복지가 충분히 실현된 쿱토피아(Cooptopia) 달성도 가능해질 것이다.

모든 나라에서 SDGs와 그레타 툰베리(Greta Thunberg, 스웨덴 출신 소녀

환경운동가) 현상이 열풍처럼 회자되고 있다. 이러한 시대적 흐름 속에 한국 농협의 역할이 무엇인지 생각해야 한다. 지금처럼 외부 환경 변화를 도외시해도 되는지? 안팎의 산적한 시대적 요구와 국제사회의 변화 속에서 현재의 한국 농협은 조직의 팽창과 구성원의 낙관주의에 빠져 있는 것은 아닌지? 대도시의 빌딩 숲 가운데 우뚝 선 농협은 협동조합 기본정신에 합당한 조직인지 되돌아봐야 할 시점이다.

근거 없는 낙관주의나 '정부가 어떻게 해주겠지' 하는 식의 소극적 자세는 바람직하지 않다. 한국 농협 전체가 전면적 수입개방에 따른 '농업의 위기', 시대 흐름에 맞춰 변화하지 못한 '조직의 위기', 금융과 유통시장의 환경 변화에 선제적 대응이 부족한 '경영의 위기'를 맞고 있는 것은 아닌지 심사숙고해야 할 시점이다.

오랜 역사 속에서 농업이 인류사회의 중심적 산업이 된 이유는 농업의 생산성이 높아서가 아니다. 인류에게 바람직한 삶의 방향을 제시함으로써 문명을 건설하는 길을 열어왔기 때문이다. 이제 우리의 농업과 농촌이 가야 할 방향도 근대화의 상징인 규모화와 생산량 증대가 아니고, 새로운 지구촌 사회에 걸맞은 바람직한 라이프 스타일을 제시하는 것이다.

지구촌 생존 문제가 걸린 절체절명의 시기에 세계의 모든 나라가 함께 관심을 갖고 추진하는 SDGs에 적극 동참해야 한다. 이것이 우리의 농업과 농촌을 위하고 지구촌을 살리는 길이다.

지구촌 살리기 위해 협동조합이 나서야 할 때

1990년대 초 한국 농협은 신토불이 운동을 주도했다. 지역 내에서 생산한 농산물은 지역주민의 건강에 좋다는 뜻을 기저에 깔고 농산물 수입개방 반대 운동을 했다. 이러한 농민의 호소는 온 국민의 심금을 울렸고 지금도 뇌리에 각인돼 있을 것이다. 즉 지역순환 공생경제를 이루는 것이 고향마을도 지키고 건강도, 넓게는 지구촌도 살리는 길임을 잊지 않고 있다.

30년 전 온 국민이 나서서 주장했던 신토불이는 지구촌 환경문제를 해결하기 위해 유엔이 결의한 SDGs 정신과 정확히 일치한다. 이제 다시 우리 농촌과 지구촌을 살리기 위해 협동조합이 나서야 할 때다. 현실에서 쿱토피아를 이뤄야 할 때다.

서울시청광장 솔밭의 의미, 2020, oil on canvas, 117×80cm

opinion

미래사회, 어떻게 디자인할 것인가

글 · 히로이 요시노리(広井良典, 일본 교토대학 교수)

코로나19 이후 인공지능(AI) 로봇을 활용해 예측한 결과를 보면 도시 집중에서 지방 분산으로 전환될 것으로 예상된다. 금후 생활과 일, 여행 등에서 지방 분산형으로 전환되는 현상이 젊은 세대를 중심으로 일어날 것이다. 이와 동시에 생명이 기본개념이 되는 농업과 식생활의 중요성이 부각될 것으로 예측된다. 의료, 건강, 환경, 생활, 복지 문제가 함께 사회의 중심축이 돼 발전할 것으로 보인다.

금후는 일극집중(一極集中)으로 상징되는 도시 집중형보다 지방 분산형으로 전환하는 것이 국가의 지속가능성과 격차 문제, 건강, 행복의 관점에서도 유리하다는 판단이다. 코로나19 감염 피해가 큰 지역을 보면 뉴욕, 런던, 파리, 도쿄 등 인구밀도가 높은 지역이다. 반면에 독일이 상대적으로 감염자가 적은 것은 중소 규모의 도시가 많은 다극적 공간구조로 되어 있기 때문이라고 본다. 이처럼 집중에서 분산으로 패러다임을 전환하면 시간적, 공간적으로 자율성 높은 근무형태와 생활방식의 창조가 가능하며 국가의 지속가능성도 높일 수 있다고 단언한다.

세계사를 되돌아보면 17세기 유럽에서 과학혁명이 일어나 물질, 에너지, 정보 중심으로 발전해왔다. 정보에 관한 기술은 폭발적으로 늘어 모든 것을 좌지우지할 것으로 생각되지만 이는 어디까지나 정보의 가공일 뿐이다. 농업과 같은 원초적 생산이 뒤따르지 않으면 정보는 무용지물 아닌가? 아무리 정보 분야가 발전해도 생명은 정보로 컨트롤할 수는 없다. 정보 중심, 금융 중심, 대규모화, 글로벌화로 세계를 지배하려는 경제의 흐름이 지금의 코로나19로 인한 팬데믹 상태를 불러왔다. 그렇다면 금후는 농업, 의료, 건강, 환경, 생활, 복지 등 생명과 관련된 영역이 경제의 중심축이 될 것이다.

그래서 21세기 정보화 시대 이후의 세계 경제사회의 중심축은 농업과 같은 생명산업이 될 것으로 예측된다. 즉 금후 '지방 분산형'과 '생명의 시대' 두 방향에서 농업이 중요한 중심축이 되는 것은 역사의 필연이다.

아소산의 한우(세계농업유산), 2019, oil on canvas, 72.7×60.6cm

유엔의 '지속가능한 발전목표(SDGs)'와 협동조합 역할

◆◆◆

농협과 SDGs, 2017, oil on canvas, 91×65.2cm

우리는 한국인이면서 지구촌 시민이다. 유엔은 지금 세대를 지구를 구할 마지막 세대로 규정했다. 환경파괴, 분쟁, 빈곤, 불평등 등으로 복잡한 지구 위기를 우리가 해결하지 않으면 사회 존속이 불가능하다는 것이다. 그리고 그 중요한 역할을 협동조합이 나서서 해내야 한다고 밝혔다.

SDGs 실현할 최적의 조직, 협동조합

유엔 입장에서 보면 타인에 대한 배려와 지역사회 공헌을 신조로 하는 협동조합은 최적의 조직이다. 자연의 은혜를 받아 농산물을 생산하는 농민에게 기후변화는 생업과 직결되고, 국민 생활과 건강에 기여하는 조합원은 '지속가능한 발전목표(SDGs)'를 선도할 계층이다.

지구촌 가족이 자손대대로 풍요롭게 살아가기 위해 실행해야 할 사항을 17가지로 분류한 것이 SDGs다. 유엔이 창설 70주년이 되던 2015년, 193개 회원국들이 이를 한 건의 문서에 담아 만장일치로 채택했다. 보다 정확한 명칭은 '세계를 변화시키는 지속가능한 개발을 위한 2030 어젠다'이다.

어젠다(agenda)란 검토과제나 행동계획을 말한다. 2030 어젠다는 17개 목표 아래 169개 세부목표와 244개의 지표로 구성돼 있다. 이는 모든 국가가 참여해 추진해야 할 행동계획이다. 지금 상태로는 지구가 존속할 수 없다는 위기감에서 미래에도 계속될 수 있는 세계를 목표로 한다. 이를 위해 2016~2030년까지 연도별 추진목표와 행동계획을 구체적으로 결정했다.

SDGs의 특징은 다음과 같다. 선진국과 후진국 모두가 참여하고 행동한다는 보편성(普遍性), 인류의 안전보장과 예외 없는 포섭성(包攝性), 정부 · 기업 · 비정부기구(NGO) 등 이해 관계자 모두가 참여하는 참획성(參劃性), 평가지표를 설정해 정기적으로 진척 상황을 발표하는 투명성(透明性) 등이다.

SDGs의 목표는 지구환경을 지키며, 인류가 존엄성을 갖고 살 수 있는 사회를 이루고, 모두에게 풍요롭고 지속가능한 생활경제를 실현하는 것이다. SDGs는 이런 목표 달성을 위해 2년간 국제적 교섭 및 시민사회 단체와의 협의를 통해 얻은 결과물이다. 인류 역사상 최초로 스스로 결정한 공통의 지구촌 목표인 셈이다.

이들 목표의 달성 정도를 계측하기 위해 244개 지표를 바탕으로 각국의 달성 상황이 정량 평가된다. '지속가능한 개발 솔루션 네트워크(SDSN)'인 베텔스만 재단이 매년 발표하는 '지속가능한 개발 리포트' 2019년 국가별 순위에서 1위는 덴마크, 2위 스웨덴, 3위 핀란드, 한국은 18위, 미국은 35위, 중국은 39위이다.

협동조합의 기본정신은 '1인은 만인을 위하여, 만인은 1인을 위하여'이다. 이는 어느 한 사람도 예외로 하지 않는다는 행동이념을 제시한 것으로, 바로 SDGs 정신과 일치한다. 일상의 불안이나 미래에 대한 불안감이 상존하는 요즘, 다양한 문제를 모두가 협력해서 해결한다는 것이 협동조합 조직의 기본 목적이다. 이제까지의 협동조합 활동 그 자체가 SDGs 영역과 일치한다는 점이 흥미롭다.

사회적 연대 경제는 사회적, 경제적으로 유용하며 명확한 목적을 갖고 지구환경 보호 등을 우선하는 경제를 말한다. 각종 협동조합, 사회적 기업, 비영리 조직, 커뮤니티 사업체 등이 여기 포함된다. 협동조합의 제7원칙에 이미 지역사회에 대해 배려한다는 내용이 들어가 있는데 이는 지역사회의 지속가능한 발전목표 달성을 위해 노력한다는 뜻이다.

협동조합이 시장경제의 한계 해결한다

2016년 11월 협동조합의 이념과 실천이 유네스코 무형문화유산에 등록됐다. 이는 곧 협동하고 모두 참가해 사회적 과제를 해결하는 협동조합의 중요성이 국제적으로 인정받은 것이다.

2016년 당시 반기문 유엔 사무총장은 "협동조합은 평등과 민주적 참가 원칙을 갖고 있고 조합원 어느 누구도 예외로 하지 않는다는 SDGs 원칙을 이미 실현하고 있다. SDGs와 협동조합은 사람을 중심에 두고 조합원이 소유와 운영을 하면서 지역사회에 활발하게 관여하고 있다"고 평가했다. 이 같은 반 총장의 어록을 일본 협동조합인들은 금과옥조(金科玉條)처럼 교육교재에 삽입해 늘 이용한다.

이후도 유엔은 농업, 환경 등에 관한 국제적 과제와 SDGs를 2030년까지 협동조합 조직과 함께 달성한다는 것을 목표로 하고 있다. 이러한 유엔의 방향 설정은 협동조합의 동지 확보와 각종 사업 확장의 좋은 계기가 될 것으로 생각된다.

코로나19로 인한 지구촌 팬데믹이 오랫동안 지속됐다. 프란치스코 교황은 코로나19로 인한 혼란으로 시장경제의 한계점이 드러났다고 말했다. 경제성장으로 인한 부의 낙수효과는 없었다는 비판이다. 정녕 약육강식의 시장경제 하에서는 팬데믹의 원만한 극복이 어려울 수밖에 없다.

모든 나라와 국민이 경기침체로 일상생활에 어려움을 겪는다. SDGs 달성과 협동조합의 활발한 활동이야말로 이를 영속적으로 해결할 수 있는 방편이다.

도원향(稻源鄕)!

◆◆◆

벼논은 한국인의 '생명창고'다. 우리 민족의 역사만큼이나 오랜 세월 한반도에 있었고, 지금도 한국인의 삶과 불가분의 관계를 맺고 있다.

쌀밥이 오르지 않는 한국인의 밥상은 상상하기 힘들다. 한민족은 쌀밥과 장류, 채소 등을 기반으로 한 곡채식으로 건강을 유지해왔다. 이렇듯 쌀은 우리네 생명의 원천이고, 그런 쌀을 내주는 논은 한국인에게 목숨처럼 중요한 공간이다.

경제성장의 일등공신, 쌀

우리나라는 쌀밥이 아니었더라면 현재와 같은 눈부신 경제성장을 이루지도 못했을 것이다. 쌀값이 안정적으로 유지돼왔기에 산업현장 근로자들이 생활비 부담을 최소화해 일할 수 있었고, 이것이 수출증대로 이어져 대한민국의 압축성장에 기여했다.

한국인들은 최근 수십 년간 식량 불안정을 제대로 경험하지 못하고 지내왔다. 세계적으로 이상기후로 인한 재해로 곡물 수급에 비상이 걸린 해가 한두 해가 아니다. 그럴 때마다 곡물 수출국들은 빗장을 걸어 잠갔고, 식량 부족 국가에서는 시위와 폭동이 잇달았다. 식량 쟁탈을 위한 전쟁이 일어나기도 했고, 정부가 전복되기도 했다. 2020년에는 코로나19 만연으로 인구 대국인 인도와 아프리카, 중남미 등지의 빈곤국 국민들이 굶주림의 고통에 내던져졌다.

그런 국제사회의 혼란 속에서도 한국인들은 식품 사재기를 하지 않았다. 심지어 코로나19 사태로 미국인, 유럽인과 일본인들조차 사재기 대열을 만들었는데, 한국인이 예외였던 까닭은 무엇인가. 그것은 주식인 쌀밥 덕분이다. 어떤 사회혼란과 자연재해가 잇따라도 우리 밥상에는 항상 따스한 밥이 올라왔다. 그것이 농민과 지역농협, 그리고 지자체 등의 노력 덕분이었다는 것을 일반인들은 잘 모른다.

세계화 속에 쌀산업 지켜온 눈물겨운 역정

역대 정부들은 그동안 신자유주의 세계화 추세 속에 쌀값 인상을 억제하고 쌀시장을 개방하는 등 쌀을 경제성장의 희생양으로 삼아온 측면이 있다. 그 과정에서 농민과 지역농협, 지자체 등이 쌀산업을 지키려고 노력해온 역정은 눈물겹다.

지난 1993년 한호선 당시 농협중앙회장을 필두로 농민대표 18명이 '가트(GATT, 관세와 무역에 관한 일반협정, 세계무역기구(WTO) 전신)' 협상이 벌어지던 스위스 제네바를 방문, 삭발 등으로 항의 시위한 사건이 있다. 그 후 신토불이운동과 자유무역협정(FTA) 반대시위 등으로 농업계는 험난한 세월을 보내야 했다. 그 결과 쌀산업이 지금 정도로 지켜져 국내외적인 온갖 위기 국면에서도 국민이 밥상 걱정 없이 지내도 될 만큼 좋은 세상이 된 것이다.

전국 쌀 주산지 농협마다 미곡종합처리장(RPC) 시설을 갖추고 있다. 이 시설은 농촌 노동력 절감과 고품질 쌀 생산, 추곡 수매량 감축에 따른 수매기능

세계인의 도원향, 2016, oil on canvas, 91×65.2cm

보완 등을 통해 쌀시장을 안정화하는 데 기여해왔다. 쌀농가와 지역농협, 지자체 등의 노력은 현재진행형이다.

지역농협과 지자체가 가장 심혈을 기울이는 것 중 하나가 또한 쌀 브랜드 관리이다. 전국적으로 제 나름의 브랜드를 자랑하는 쌀들의 경쟁이 춘추전국시대를 방불케 한다. 예부터 쌀 명산지란 점, 기름진 논에서 생산된다는 특징, 찰기와 밥맛이 우수한 점, 신선도가 뛰어난 장점 등을 내세우며 브랜드 쌀의 수취값 제고에 사활을 건다.

환경과 문명사적 관점의 역할 기대

이러한 산업 측면에서의 노력 못지않게 앞으로는 생명창고를 지키기 위한 새로운 역할과 노력이 기대된다. 벼논과 쌀의 환경보전, 문화관광 및 문명사적 관점의 역할이 그것이다. 기후변화와 코로나19의 내습은 농가의 입지 강화와 국민행복 증진을 위해 이 같은 역할이 어느 때보다 높게 요구됨을 말해준다.

벼논은 단순히 국민의 주식을 생산하는 것을 넘어 공익적 기능을 수행하는 역할이 크다. 논은 거대한 저수지로서 중요한 홍수조절 기능을 한다. 2020년 유난히 긴 장마와 연이은 집중호우 및 태풍 속에서도 한반도가 그런대로 건재했던 것은 논이 홍수조절 기능을 잘 수행했기 때문이다. 기상이변으로 인한 호우피해가 환경파괴의 결과임은 주지의 사실이다. 이렇게 볼 때 오늘날 벼논은 빈발하는 환경재앙에 맞서 새로운 구원투수로서의 기능을 인정받을 때가 되었다.

벼논이 없으면 국민의 식수 공급이 원활해지기 어렵고 국토의 유실도 막아

내기 힘들다. 벼논이 21세기에 더 소중한 측면은 이산화탄소를 흡수하고 산소를 배출하는 능력이다. 종합적으로 벼논은 주식인 쌀로 밥상 안정을 가져올 뿐 아니라 21세기 산업문명의 폐해를 막는 역할도 훌륭히 해내고 있다. 이제 이런 역할을 국민에게 더욱 인식시키는 일이 시급하다.

문화관광과 연계해 6차 산업화하는 전략을

요즘 지자체와 지역농협 등이 쌀을 문화관광과 연계해 농업을 6차 산업화하는 데 성공한 사례가 속속 생겨나고 있다. 경남 산청의 메뚜기잡기 행사나 전북 무주군의 반딧불이 행사 등이 그 대표적 사례들로 여겨진다.

산청군 차황면은 우수 쌀 브랜드 '메뚜기쌀'이 나는 곳이다. 차황면에서는 매년 메뚜기 잡기 행사가 열린다. 벼가 누렇게 익어갈 무렵 찾아온 도시인들이 벼 포기 뒤로 숨은 메뚜기를 양손으로 잽싸게 잡으며 즐거워한다. 톡톡 튀어 다니는 메뚜기들은 벼논이 살아 있음을 입증하고, 거기서 나온 쌀이 친환경쌀임을 말해준다. 행사가 연륜을 더하면서 차황 메뚜기쌀의 인기는 점점 더 높아진다. 소비자들은 식탁의 안전성을 확보할 수 있고 지리산의 청정한 자연도 접할 수 있어 메뚜기 행사에 각별한 애정을 드러낸다.

무주 반딧불이 행사도 청정한 자연을 찾아 떠나는 행사다. 반딧불이는 물과 공기가 맑은 곳이 아니면 서식하지 못한다. 반딧불이가 산다는 것은 무공해 청정지역이라는 것이고, 거기서 나는 농산물은 친환경적인 것임을 말해준다. 그래서 반딧불이 브랜드 농산물, 특히 반딧불이 쌀은 소비자들로부터 각별한 사랑을 받는다. 무주군의 벼논은 반딧불이와 더불어 친환경 생명 공간으로 거듭난 것과 같다.

밤이 되면 반딧불이들은 벼논이나 바위, 수풀 등에서 녹색 불빛으로 허공을 가르며 날아오른다. 여기저기서 환호성이 터져 나온다. 반딧불이를 직접 잡아 꽁무니에서 불빛이 비치는 것을 확인하는 아이들은 신기해한다. 덩달아 어른들도 즐겁다. 무주 반딧불이 축제에는 많을 때 하루 10만 명 가까이 다녀간다. 행사가 주로 밤에 진행돼 하룻밤 이상 머무는 체류형 관광객들이 많다. 그만큼 경제적 효과가 크다. 무주가 청정 자연환경이 있는 곳임을 외부에 알리는 데 기여하는 행사다.

이처럼 이제는 벼농사를 산업의 관점에서만 바라보지 말고 문화와 관광 등의 대상으로 여겨 그 지평을 넓힐 필요가 있다. 이렇게 할 때 농민은 쌀 생산에 알파를 더한 수입을 올릴 수 있고, 도시인은 향수를 느끼며 위로받을 수 있어 누이 좋고 매부 좋은 일이 벌어진다.

이런 아이디어는 또 어떨까. 평야지대 벼논 한가운데를 도시인의 휴양 공간으로 만드는 것이다. 논은 쌀 생산이나 메뚜기 잡기 행사 정도나 가능하지 어떻게 휴양 공간이 될 수 있느냐고 반문할지 모르나, 고정관념을 바꿀 필요가 있다. 김제평야나 철원평야 등 곡창지대 지역농협과 지자체가 발상을 전환하면 색다른 일이 벌어질 수 있다.

벼논 한가운데 등장한 온천호텔

2020년 8월 일본에 '논 테라스'를 이미지로 한 온천호텔이 등장했다. 야마가타(山形)현 쓰루오카(鶴岡)시의 벼논 한가운데 등장한 '쇼나이(庄內)호텔

스이덴 테라스'다. 스이덴(水田)은 일본어로 논이란 뜻이다. 야마가타현 쓰루오카시는 학이 서식하는 등 논 풍경이 아름다운 쌀 주산지인데, 호텔은 광활한 논에 떠 있는 것처럼 보인다. 세계적인 건축가 반 시게루(坂茂)가 설계했는데, 이용객들이 사계절의 논 풍경을 즐길 수 있는 호텔로 주목받는다.

이 호텔은 하루 이틀 묵으며 뜨끈뜨끈한 온천욕과 휴식으로 일상생활의 피로감을 떨쳐내기에 제격이다. 음식으로는 지역산 채소와 쌀, 쇼나이 바닷가에서 잡힌 생선 등 신토불이 재료로 만든 향토요리가 나온다. 이밖에 토속주와 현지 와인, 술안주, 수제 과자 등 다양한 먹을거리가 제공돼 넓은 벼논의 절경을 감상하며 그 맛을 즐길 수 있다. 119개의 룸이 거의 매일 매진 상태로 성업 중이라고 한다.

이같은 온천시설을 우리도 곡창지대 여기저기에 세운다면 힐링 명소로 각광받지 않을까.

일본 쓰루오카시 쇼나이호텔의 스이덴(水田) 테라스, 2020, ©일본농협신문(JA.com)

그런 온천 관광지는 계절마다 사람들에게 자연의 원초적 아름다움을 선사하게 된다. 봄에는 무논에 거꾸로 비쳐 흘러가는 뭉게구름 풍경이 감동을 자아낼 것이다. 밤에 개구리들의 합창을 귓바퀴로 건지며 꿀잠을 자고 나면 이튿날 전신이 치유된 것을 느끼게 된다. 낮에는 원시의 태양광선이 묶음으로 쏟아져 내리고, 저녁부터 새벽까지 별들의 외출이 화려하다. 가을날 황금들녘에서는 풀벌레들이 풍악을 울려대고, 반딧불이들이 원무(圓舞)를 그린다. 비발디(Antonio Vivaldi)의 협주곡 '사계(四季)'의 감동을 뛰어넘는 대자연의 교향악이요, 절경이 될 것이 틀림없다.

21세기를 사는 도시인들은 문명 난민(難民) 신세가 되었다. 그들이 구축한 도시는 공해와 감염병 불안감 등으로 더 이상 편히 쉴 수 있는 공간이 못 된다. 도시인들은 현대판 사막에서 녹색갈증을 느낀다. 주말이면 도시를 빠져나가는 승용차들이 고속도로에 장사진을 이룬다.

협동조합 이상사회 '쿱토피아' 이루자

그들에게 전원은 안식의 공간이다. 벼논이 도시인의 쉼터가 될 시대가 됐다. 문명 난민들이 밀려드는 곡창지대는 21세기 도원향(桃源鄕)이 될 수 있다. 아니, 그것은 벼 도(稻) 자 '도원향(稻源鄕)'이요, 현실로 불러낸 농촌유토피아다! 지역농협이 중심이 되어 이룬 것이라면 쿱토피아(Cooptopia)라 할 수도 있을 게다. 지역농협과 지자체가 팔을 걷어붙이고 쿱토피아로서의 도원향 실현에 앞장서줄 것을 당부한다.

석곡농협 건강수명 100세 프로젝트

◆ ◆ ◆

전남 곡성군 석곡농협(조합장 한승준)은 '논 아트(Art)'와 '100세 쌀 브랜드화'로 성공한 농협으로 유명하다. 조합원 수는 2천 명 정도로 전국 농협의 중간급이다. 주로 산림이 많고 평야는 적어 조합원들의 영농 형태가 미맥 위주인 농협이다.

그러나 농협 직원들의 열정으로 '100세미'를 개발해 대도시 백화점 중심으로 판매 촉진, 전국 유명 브랜드로 성공시켰다. 지난해 초 전국의 100세 노인 가정에 '100세미' 10kg씩을 선물로 발송하는 이벤트를 열어 더욱 유명해졌다.

인재와 문화가 있는 마을

15년 전부터는 석곡농협 관내에 도시지역 은퇴자들이 노후생활을 평안히 보낼 수 있게 하고 농촌의 발전을 도모할 목적으로 1백여 세대의 '강빛마을'을 조성해 모두 입주했다. 강빛마을 촌장 고현석 씨는 농협에 오래 근무했고 곡성군수도 역임했으며, 협동조합을 연구하는 학자로도 알려져 있다. 고씨의 부인 김화중 씨는 보건학 교수이며 보건복지부 장관을 역임했다.

또 설치미술의 대가인 김백기 예술감독이 이 마을 주민이 되었다. 그는 지인 20여 명이 함께 펜션으로 운영하는 주택 실내에 미술품들을 들이고, 편히 쉬며 작품에 흠뻑 빠져들도록 다양한 주제로 설치했다. 물론 마을 입구부터 곳곳에 미술작품을 전시해 마을의 품격을 높여준다는 평가를 받는다. 입주자 황민영 씨는 학생 시절부터 4-H 운동을 했고, 평생 농촌운동가로 활약했다. 농어업농어촌대책특별위원회 위원장도 역임했으며, 최근에는 식생활교육국민네트워크를 만들어 전국을 누비며 식생활 개선 운동을 열심히 하고 있다. 또 평생을 협동조합운동에 헌신하고 농협 신용대표를 지낸 이지묵 씨도 강빛마을 주민이다.

석곡농협 관내에는 농업회사법인 '미실란'도 있다. 미실란은 이동현 박사 농부가 운영하는 곳인데, 생명의 식탁을 위해 유기농 벼농사를 하고 이를 원료로 발아현미를 개발해 판매하고 있다. 약식동원(藥食同源) 철학을 바탕으로 발아현미를 원료로 한 누룽지밥, 미숫가루, 토란선식 등도 판매한다. 1급 수질을 자랑하는 섬진강변에서 하늘과 땅의 기운을 제품에 그대로 담는다. 이곳에는 발아현미밥과 지역산 유기농 채소를 활용한 식당과 카페도 있다. 주인에게서 투박한 농부의 모습과 진정성이 물씬 느껴진다.

이동현은 지방, 농촌, 벼농사, 마을공동체 등 네 가지 '소멸'과 맞서 싸우는 농부다. 소설가 김탁환은 1년 동안 이동현과 함께 농사하며 경험한 이야기를 《아름다움은 지키는 것이다》라는 책으로 펴내기도 했다. 김 작가는 이동현을 자신의 대표작《불멸의 이순신》의 주인공에 맞먹는, 열정과 탐구의욕 가득한 인물로 평한다. 소설에서 이동현이 아무도 가지 않는 농부과학자의 길을 가는 이유를 기록하고 있다.

이렇듯 석곡농협 관내는 한국에서는 보기 드물게 좋은 인적자원을 갖추고 있다. 보물 같은 인재와 문화가 함께해 희망찬 미래가 엿보이는 농촌마을이란 생각이 든다.

둠벙-단백질 공급원(국가중요농업유산), 2017, oil on canvas, 72.7×53cm

'건강수명 100세 달성'으로 '쿱토피아 완성'

석곡농협은 이 같은 인적자원과 지리산 주변 맑은 섬진강 및 보성강을 끼고 있는 장점을 살려 조합원의 행복한 노후를 위한 한국 최초의 '건강수명 100세 프로젝트'를 선언하기에 이르렀다. 이는 장기적으로 관내 전체를 유기농업 지역으로 조성하고 조합원이 안전한 농산물을 생산해 도시 소비자와 직거래한다는 내용을 포함한다.

코로나19 이후 인류의 삶의 방식이 변해야 한다는 이야기가 곳곳에서 나온다. 의사는 농업에서 배워야 하고 농민은 자연에서 배워야 한다. 의성(醫聖) 히포크라테스(Hippocrates)는 인간이 자연에서 멀어지면 질병과 가까워진다고 했다. 프란치스코 교황은 코로나19는 인간의 생태계 파괴에 대한 자연의 대응이라고도 말했다. 그러면 기후변화로 자연재해가 잇따르고 코로나19의 혼란마저 가중된 이 시점에서 인류는 어디로 가야 하나?

고령화도 큰 문제이다. 2019년 현재 한국은 총인구 중 14.8%가 65세 이상으로 고령사회로 진입했다. 2025년에는 고령인구가 20% 이상인 초고령화 사회가 될 것으로 전망된다. 이미 전남, 전북, 경북은 그 비율이 20%를 넘어 초고령화 사회가 되었다. 고령화 사회에서 초고령화 사회까지 걸린 기간이 프랑스 114년, 일본 40년인데, 한국은 20년으로 단축될 전망이라고 하니, 세계에서 고령화 속도가 가장 빠른 나라로 그 부작용을 가늠하기 어렵다.

한국과학기술기획평가원(KISTEP)은 '대한민국 미래 이슈 2019' 보고서에서 '저출산, 초고령화' 문제가 10년 후 한국의 가장 중요한 과제가 될 것으로 전망했다. 우리 국민 전체 의료비가 연간 69조 원인데 65세 이상 인구의 의료비로 28조 원(전체 의료비의 41%)이 지출된다.

2016년 경제협력개발기구(OECD) 회원국 중 노인 자살률이 1위이고, 노인 빈곤율도 43.8%로 가장 높다. 이는 노인 복지제도에 문제가 있다는 경고다. 이를 무겁게 받아들여야 한다.

평균수명의 경우 일본은 남자 80세, 여자 86세이고, 우리는 남자 79세, 여자 85세로 양국이 비슷한 수준이다. 문제는 건강수명의 차이다. 우리는 남녀 모두 건강하게 사는 수명이 65세이다. 결과적으로 우리의 남자 노인은 14년(일본 10년)간 질병을 갖고 살고, 여자 노인은 20년(일본 13년)간 질병을 갖고 살게 된다. 우리의 남자 노인은 일본 남자 노인보다 4년, 여자 노인은 7년을 요양원 등에서 살아야 한다. 이러한 건강수명의 차이를 금액으로 환산하면 천문학적인 수치다.

노인 의료비 문제는 국가 존망이 달린 과제라고 보아도 과언이 아니다. 따라서 석곡농협은 건강수명의 연장이 매우 중요하다고 인식하고 이를 곡성의 자연환경과 친환경 농산물 중심 식생활 개선 및 주민 여가생활 증대를 통해 해결하고자 한다. 이에 따라 고령 조합원들의 삶의 질을 높이고 지속가능한 농촌사회를 이루는 것을 목표로 '건강수명 100세 프로젝트'를 수립, 시행하게 된 것이다.

이 프로젝트는 성공 여부를 떠나 국가와 각 지자체 및 지역사회에 시사하는 바가 크다. 건강수명 100세 달성은 쿱토피아의 완성과 궤를 같이한다고 볼 수 있다.

소득증대와 지역사회 활성화로 연결

식물에게는 한 해의 열정이 고스란히 담긴 것이 열매이듯, 인생의 열매는 노년의 건강한 삶이다. 가장 귀한 시간을 값있게 사용한 사람만이 얻을 수 있는 것이 바로 건강이란 열매다. 하나님으로부터 부여받은 시간은 인류 모두 똑같다. 각자가 어떻게 쓰느냐의 문제다. 나폴레옹은 "우리가 마주치는 재난은 평소 소홀하게 흘려버린 시간의 보복"이라고 말했다.

석곡농협의 '건강수명 100세 프로젝트'는 고령자가 되어도 자립하고 건강하게 살 수 있도록 건강수명을 연장하고, 여유와 보람 있는 삶을 살도록 하기 위해 농협과 지역이 함께하는 계획이다. 이 프로젝트는 조합원의 소득증대와 지역사회 활성화로 연결되는 매우 유효한 수단으로 인정된다. 코로나19 같은 지구적 재난을 맞이해서 이제라도 남은 시간을 소중하게 생각하고, 평균 수명이 아닌 건강수명 100세를 맞이하기 위해 다시 시작해야 한다.

건강복지기금 제도 도입

석곡농협은 100세까지 농작업을 가능케 하고, 건강을 지키는 활동을 지원하기 위해 건강복지기금을 도입하기로 했다. 조합원의 생활체조 운동, 유기농 건강 식생활, 정기적 건강검진 활동 등을 지원하기 위해 매년 일정액을 적립해 10억 원의 기금을 만들기로 했다.

한편 석곡농협 조합원들은 코로나19의 혼란 속에서 지구촌 자연환경의 중요성을 깨닫게 되었다. 그래서 자기 지역부터라도 쓰레기 제로와 자연 에너지 활용 방안을 찾기 위해 전문가를 초청, 조합원 교육을 시작했다. 즉 재활용 가능한 상품만 구입하는 등 조합원 모두가 환경을 생각하는 윤리적 소비생활을 실천하기 시작했다. 또 관내 사용 전기를 가급적 지역 내에서 생산하기 위해 풍력 발전, 솔라 셰어링 등을 농협 중심으로 검토하고 있다.

강빛마을에서 고현석 씨 등 주민 모두가 참여한 '2030 건강수명 100세 포럼'을 통해 석곡농협의 종합적 활동을 지원하기로 했다. 지구환경을 생각하고 지역사회와 국가의 지속가능한 발전을 이룬다는 사명감으로 협동조합 중심의 농산촌유토피아를 만들어가고 있다.

천년 존속 가능한 협동조합을 위하여!

◆◆◆

점차 심화하는 고령화와 머지않아 시작될 인구감소가 사회문제가 되고 있다. 특히 농업 분야 인구감소는 이미 심각한 상황이다. 통계청에 따르면 농가 호수는 과거 20년 동안 계속 줄어 2019년 기준 1백만 7,158가구에 불과하다. 농가 인구도 같은 기간 크게 감소, 224만여 명밖에 안 된다.

이런 가운데 세상은 '빅 데이터' 시대를 맞아 무섭게 변화하고 있다. 구글은 세계 인류의 관심사가 무엇인지 다 알고 있다고 큰소리친다. 아마존은 소비자가 미래에 무엇을 구매할 것인지 파악하고 있다고 한다. 중국의 인터넷 기업 알리바바도 전 세계에 모든 물품을 72시간 이내에 배송한다는 계획이다.

이러한 세상의 변화를 읽지 못하고 대응하지 못하면 기업은 도태되고 만다. 동물도 그렇다. 뉴질랜드의 국조(國鳥) 키위는 원래 하늘을 나는 새였다. 그러나 먹을 것이 풍부하고 천적 없는 환경이 지속되자 굳이 날아다닐 필요가 없었다. 쓰지 않는 날개가 퇴화해 멸종 위기에 처하게 되었고, 국가의 보호새로 지정돼 겨우 명맥을 유지하고 있다. 그런 키위의 현실을 우리는 직시하지 않으면 안된다.

미래 확신할 수 없는 한국의 농업과 농협

한국 농협을 보면, 농협의 주인인 조합원은 감소하고 준조합원은 늘고 있다.

구성비를 보면 조합원이 11%이고 나머지 89%가 준조합원과 원외라는 점은 농협법 정신에 맞지 않는 기현상이다. 농협의 예수금도 조합원이 20%이고 준조합원 등이 80%를 점유한다. 더구나 65세 이상 인구의 비율인 고령화율이 면 지역은 2017년 현재 28.6%로 초고령사회에 진입한 지 오래일 뿐만 아니라, 국가 전체 고령화율 14.2%의 갑절을 넘는다. 농가 경영주만 따로 살펴보면 40세 미만 농가 경영주는 전체의 0.9%로 쪼그라들었다. 상당수의 농촌 마을이 공동체 기능이 불가능한 한계 상황에 접어들었다. 전통적인 마을들이 소멸해도 우리의 자연자원과 국토의 생태계 유지에 지장 없는 것인지 의문이 든다.

마침 농협이 중심이 되어 농업의 다원적 가치를 헌법에 반영해야 한다는 취지의 서명운동을 해서 긍정적인 분위기를 조성해냈다. 농업의 다원적 가치 헌법 반영은 품격 높은 국가로서의 면모를 갖추는 일이다. 하지만 현재 개헌의 불씨가 잦아들었기 때문에 실제 헌법 반영 여부는 좀 더 지켜봐야 한다. 또 농업의 다원적 가치가 헌법에 반영된다 하더라도 이를 달성하기 위해 농업인과 국민이 해야 할 후속 조치는 아직 명확하지 않다.

현재 국가중요농업유산으로 12개 지역이 정부에 의해 지정되었다. 농업의 다원적 가치를 유지하기 위해서는 농업유산의 유지보전이 필수인데 주인인 농민도, 행정기관도 관심이 없는 것으로 보인다.

농업계가 1990년대부터 신토불이를 주장하며 농산물 수입개방에 반대했지만, 우리의 식량자급률은 지속적으로 낮아져 2019년 45.8%에 머물렀다. 사료용을 포함한 곡물자급률은 22%로 훨씬 위태롭다. 농가소득도 도시근로자 가구소득의 63.3% 수준에 불과하고, 농업 중심의 지방자치단체 가운데

30% 정도는 10년 이내에 파산할 것이라는 암울한 전망도 나온다.

이런 상황에서 농협 조직은 그냥 이대로 가도 되는 것일까. 농협 조직의 체계는 1961년 종합농협 창립 이래 수차례 변화가 있었으나, 농민과의 접점인 회원농협 단계의 변화는 거의 없었다고 보아도 과언이 아니다. 그러니 시대의 흐름과 부합하지 못한 점이 여기저기 보이는 것은 안타까운 일이다.

소용돌이에 휘말린 일본 농협의 자기 개혁 방향

일본의 농협 조직이 정권이 주도하는 강력한 시장경제 논리에 휘말렸다. 일본 농협은 한국 농협의 조직 탄생에 절대적인 영향을 끼쳤기에 정권과의 힘겨루기 결과를 우리도 주시하지 않을 수 없다. 협동조합의 힘을 약화시키려는 아베 정부와 이에 맞선 일본 농협 사이에는 크게 세 가지의 쟁점이 있었다.

먼저, 준조합원 문제다

이 문제는 아베 정권의 최대 정치 테마가 되었다. 아베 정권이 들어서자 재계 중심으로 구성된 정부의 규제개혁추진회의는 준조합원 문제 등이 포함된 농협 개혁안을 제시하고 농협법 개정안을 국회에서 통과시켰다.

이에 따라 일본 농협 개혁 중점추진기간을 2019년 5월까지로 설정했고, 전체 조합원의 60%를 차지하는 준조합원 문제와 신용사업 분리 등으로 농협 개혁을 압박했다. 최근 정부가 농민을 상대로 실시한 여론 조사에서 30%의 농민만이 농협의 존속 가치가 있다고 평가한 점은 농협 개혁 필요성의 준거가 되고 있다. 물론 대의명분은 농가소득 증대와 농업생산 확대다. 사실 준조합원의 농협 이용과 종합농협 체제는 일본 농협의 전신인 산업조합(1906년) 시절부터 인정했던 사항이다. 그래서 농협은 직능조합이면서 지역조합의 요소를 가미한 특수한 형태로 출발했고, 이 시스템이 한국 농협 조직에도 영향을 미쳤다.

그런데 일본 정부는 농민 조합원들이 농협을 박하게 평가한 이유에 대해 농협의 영농 · 경제사업이 미흡해서 조합원들이 필요성을 느끼지 못하기 때문이라고 분석했다. 그러니 준조합원의 농협 이용을 제한하고 대신 조합원의 농산물 생산과 판매를 촉진함으로써 농가소득 증대가 농협의 주력사업이 되도록 해야 한다는 것이다. 조합원만을 위해 더 열심히 노력하도록 준조합원의 농협 사업 이용을 제한하겠다는 것은 지역조합의 성격을 배제하고 직능조합으로만 인정하겠다는 방향 선회이기도 하다.

일본 정부는 준조합원의 농협 사업 이용 제한을 법제화하겠다는 협박을 통해 일본 협동조합의 총본산이며 사령탑인 전국농협중앙회(전중)의 특별법인격을 배제하고 일반 사단법인으로 전환시켰다. 개정농협법 시행은 2019년 10월부터다. 준조합원의 농협 사업 이용 제한을 막기 위해 전중 해체를 받아들인 점을 두고 자살 행위라는 비난을 받는다. 전중은 이제 맥 빠진 사랑방이 되었다는 이야기도 듣는다.

일본 농협의 준조합원 문제가 얼마나 파괴력이 있는지 확인한 것이다. 농협 조직은 여기에 대응해 전 조합원을 대상으로 여론조사를 다시 하겠다는 복안이다. 농협에 대한 긍정 평가 비율을 50% 이상으로 끌어올리겠다는 목표로, 전 조직을 동원해 가가호호 농가를 방문하고 설득과 이해 증진에 나서고 있다. 즉 준조합원의 농협 사업 이용제한을 유지하겠다는 것이다.

아무튼 일본 정부는 2021년까지는 준조합원 이용제한 문제에 결말을 내겠다며 끊임없이 농협을 압박하고 있다. 준조합원 이용제한 문제는 이처럼 일본 정부가 농협을 압박하는 최대의 무기임이 실증됐다고 볼 수 있다. 일본 정부는 마치 농협의 준조합원 이용제한 문제를 '전가의 보도'처럼 휘두른다는 이야기를 듣는다. 아베 내각이 해산했지만 그의 바통을 물려받은 스가 요시히데(菅義偉) 정권이 다시 들어선 지금, 일본 농협 직원들의 분위기는 우울하기만 하다.

둘째, 신용사업 분리문제다

신용사업 분리란 신용(금융)사업을 회원농협에서 분리해 농림중앙금고(중금)의 대리점이나 지점으로 전환한다는 것이 핵심이다. 즉, 농협이 신용사업과 경제사업을 병행하는 종합농협 방식은 지금의 전문화와 핀테크 시대에 적합하지 않다는 것이다. 신용사업을 도매금융 전문은행인 농림중앙금고에 이관하고 농협은 농가소득 증대와 농산물 생산 확대에 힘을 쏟아 달라는 정부의 주문이다.

한 도시농협의 신용사업을 중금에 양도했을 경우를 상정해서 농림중금종합연구소가 시뮬레이션한 결과 대출금 이자 수익이 27억 엔에서 18억 엔 감소한 9억 엔만 남는다는 발표도 있다. 우리나라 농협과 마찬가지로 일본 종합농협의 주 수익원도 신용사업과 공제사업이다. 도시농협의 경우 예금 구성비가 조합원 35%, 준조합원 및 원외이용자 65%이다. 이 상황에서 준조합원의 이용을 제한하면 예수금이 30%가량 빠져나갈 것으로 보이는데, 사실상 종합농협의 자립운영이 불가능해진다는 이야기다. 때문에 대부분의 회원농협이 결사항전의 태세를 보이고 있다. 하지만 일부 도시농협 등은 이미 이러한 방향에 대비해 직능조합이 아닌, 준조합원들의 신용사업 이용을 배제한 지역농협으로의 전환을 준비하고 있는 듯하다.

회원농협의 예치금을 운용해주는 중금은 특별법에 의한 특수은행으로 출발했으며 제2금융권의 중앙은행 격이다. 20여 년 전까지는 농림성의 차관급이 최고경영자인 이사장을 맡았다. 지금은 내부에서 양성한 금융 전문가가 경영책임을 지는 이사장을 맡고 있다. 탄생 이래 일관되게 수협중앙회나 신협 등의 예치금을 운용해주는 도매금융으로 발전했다. 현재 1천조 원(약 1백조 엔)의 자금을 운용하는, 세계 은행 경쟁력 2위의 금융기관으로 평가받는다. 우리의 상호금융연합회 격인데 독립적으로 전문 경영인이 운영하는 특수은행이다. 이사진의 일부는 회원농협의 대표가 참여하지만 경영에 직접적인 영향은 미치지 못한다. 이러한 세계 은행 경쟁력 2위의 초대형 중금도 전국에 산재한 회원농협의 신용업무 인수를 탐탁지 않게 생각한다. 장기적으로 수익성이 없다는 것이다.

앞으로 3년 후를 목표로 신용업무를 하는 회원농협 수를 50%로 감축하도록 행정지도나 공인회계사 감사를 통해 압박할 것이라는 추측도 있다.

일본 정부는 이 중금의 회원농협 지원을 중지하도록 압박하고 있다. 회원농협이 중금에 자금을 예치하면, 예치한 자금의 이자는 물론이고 운영 성과에 따라 장려금을 지급했다. 이는 다른 금융기관에 예치한 것보다 유리한 조건이다. 그런데 감독관청인 농림성이 예금자 보호가 우선이라는 명분으로 신용사업을 분리해야 한다고 주장하며 중금의 장려금 지급을 점진적으로 감축하겠다고 선언했다. 회원농협으로서는 대단한 압박이 아닐 수 없는 것이다.

마지막으로, 협동조합의 가치 문제다

일본 정부는 협동조합의 가치를 인정하지 않는다. 시장경제 논리만 앞세우고 협동조합의 정체성을 부정한다. 협동조합 사업 방식의 특수성인 매취판매와 예약구매를 인정하지 않는다는 입장인 것이다. 더구나 협동조합의 특수성인 계통거래를 독점금지 위반으로 인식하는 등 농협 조직을 압박하고 있다.

협동조합은 사익(私益)과 공적 이익(公益), 협동의 이익(共益)을 기본가치로 한다는 것이 인류 공통의 인식이다. 하지만 아베 정부는 이를 부정한다. 서로 돕는 협동조합 정신은 인간의 본성이다. 인간이 이를 배제하면 행복할 수 없다는 것이 인류가 오랜 역사 속에서 터득한 지혜이다. 그러나 아베 정부는 이를 부정하면서, 부의 집중과 격차사회를 만드는 시장경제 논리에 편승하는 것이 시대 흐름과 맞지 않는다는 학자들의 주장마저도 도외시한다.

이 외에도 2019년 10월부터 예수금 2백억 엔(약 2천억 원) 이상은 공인회계사의 감사를 받아 신용사업 분리 명령을 받을 가능성이 높다.

일본 회원농협은 연간 농업소득 650만 엔(약 6,500만 원) 이상의 조합원만으로 이사회를 구성하도록 하고 있다. 소액 출자의 경영 참여는 축소하고 대규모 농가 중심으로 적극적인 경영 참여를 촉진하기 위해서다.

금후 농협이 1농장당 30ha 규모 직영농장을 개설하고 농업생산 확대를 주도해야 한다는 논의도 활발하다. 또 농협이 출자해 전국농업법인협의회를 만들어 육성해야 한다는 논의도 있다.

일본 농협 개혁을 주관하고 있는 농림성 차관 오쿠하라 마사아키(娛原正明) 씨는 농협 조직은 '조합원을 위한 조직'이 아니고 '조직을 위한 조직'으로 전락했다고 평가한다. 그러면서 이제까지 행정 대행적 사업을 위탁받아 반공공적 조직으로 인식되어 경쟁에서 살아남으려는 강한 의지가 있는 경영자다운 경영자를 육성하지 못했다고 평가한다. 오쿠하라를 일본 농협인과 학계에서는 프랑스 혁명을 주도한 자코뱅 당의 당수 격이라고 평가한다. 오쿠하라는 아베 수상의 신임을 받고 있으며 금후 임야청과 수산청을 개혁하고 마지막에는 농림성의 개혁까지 밀어붙일 것이라는 설도 있다. 필자가 오랫동안 교류해온 일본의 중견기업 회장은 일본 농협은 농민을 이용해서 자기 이익만 취하는 흡혈귀 같은 조직으로 전락했다는 극단적인 평가도 했다.

아베 내각에서 농림대신으로 활동한 홋카이도 출신 요시카와 다카모리(吉川貴盛)는 오랫동안 농협 개혁을 주장했던 사람이다. 앞으로 농협 개혁의 가속도가 붙을 것이라는 우려도 나온다.

일본 농협이 처한 현실에서 우리가 배울 점은?

일본도 농촌 고령화와 준조합원의 농협 이용 등 여러 가지 면에서 우리의 농촌 및 농협과 사정이 비슷하다. 고령화와 농가호수 감소 등은 우리나라가 일본보다 빠른 속도로 진행되고 있다. 게다가 일본의 농협보다 우리 농협이 소규모이고 경영 상황은 더 열악하다.

농업과 농촌의 다원적 가치를 이해하는 국민의 수준도 우리가 더 낫다고 할 바 아니다. 일본에는 도시의 지식인, 연예인, 예술인 중에도 농업, 농촌의 가치를 인정하고 애정을 가진 사람이 많은데, 이들이 농업과 농촌 그리고 농협의 후원자이다. 이들은 품격 높은 국가와 사회가 되기 위해서는 농업이 있어야 하고 농촌의 경관이 아름다워야 한다고 주장한다.

일부 학자들은 전중 해체를 선택한 것은 결정적인 패착이었으며, 자기 개혁의 목표를 농가소득 증대와 농업생산 확대가 아니라 식량자급률 향상과 국토보전에 두어야 했다는 반성도 나온다. 즉 준조합원과 함께하는 지역조합으로 가야 한다는 이야기다.

그럼에도 일본 농협은 정부가 주도하는 개혁의 소용돌이에 휘말렸다. 근본적인 원인은 농협이 농민의 지지를 받지 못했기 때문이다. 지역의 농민과 농협이 더욱 공고하게 밀착관계 유지를 위해 노력해야 한다는 주장이 설득력을 얻는 것 같다. 농민의 자조 조직이 정권에 의해 개혁의 대상이 되는 것은 물론 바람직한 일이 아니다. 한국 농협도 정권이 바뀔 때마다 개혁이라는 미명하에 그들의 입맛에 따라 합쳐지고 찢기는 아픔을 겪지 않았던가.

그러나 분명한 것은 정부나 농민이 요구하기 전에, 농협 스스로 농민 본위의 조직으로 바로서기 위해 끊임없이 자기 혁신을 추구해나가야 한다는 점이다. 이제까지 조직과 경영을 개선해왔지만 시대 흐름에 늑장대응은 없었는지 반성해야 한다. 환경 변화에 따라 조직을 확대했고 시설을 현대화해왔으나, 전문 경영인 육성에는 소홀했다는 소리도 들린다.

과연 한국 농협은 1백~2백 년, 아니 천년 지속가능한 조직으로 존속할 수 있을까? 정권의 압박에 직면해서야 생존을 위해 몸부림치는 일본 농협을 반면교사 삼아 중지를 모을 때가 바로 지금이다.

일본 정부와 농협의 충돌, 일본 농협은 어디로 가나

◆◆◆

최근 일본의 전 조합장 S씨 그리고 농업계 언론인 H씨와 5일간 남부 지역 농촌 여행을 했다. 그때 이들로부터 일본 농협의 과제와 정부의 농협 개혁 요구 등에 대해 들었다. 또 그들은 관련 자료를 다수 필자에게 제공하고 돌아갔다. 여행 중 들은 이야기와 관련 자료를 중심으로 현재 일본 농협과 정부의 충돌 양상을 정리해본다.

원인과 배경

먼저, 원인과 배경은 이렇다. 일본 농협은 조합장과 임원들이 별도조직으로 농정활동정치연맹을 조직하고 공식적으로 정치 활동을 해왔다. 환태평양경제동반자협정(TPP) 등 농산물 수입개방 반대 운동도 계속해왔다. 여기에 정부의 불만이 팽배해졌다. 또 전 전중의 전무 Y씨를 13년 전 농정활동조직의 지원으로 참의원 당선시키자, 농림성 고위직의 불만이 있었다. 이전까지는 참의원 자리를 농림성의 차관을 밀어 당선시켜왔었다.

두 번째는 미국의 압력이다. 농림중금의 2백조 엔이라는 막대한 자금을 미국에 투자하도록 하기 위함이라고 한다.

세 번째는 대규모 농가들의 농협 사업에 대한 불만이다. 농협 사업으로는 자재 구매와 농산물 판매에서 규모의 이익을 얻을 수 없는 점이다. 특히 아키타(秋田) 오가다무라(대규모 간척지)의 벼 재배농가들은 쌀 감산 정책을 반대해왔다. 이들은 쌀 생산과 유통의 자유화를 요구하면서 농협과 항상 충돌했고 정부는 이들의 편이 된 것이다.

네 번째는 일반 기업도 농협 조직이 농민을 제대로 위하는 조직이 아니라는 불만이 있어왔다는 점이다.

일본 정부는 이를 배경으로 농업단체 대표를 배제한 채 규제개혁추진회의(規制改革推進會議)를 구성, 농협 개혁 방향을 제시하고 있다. 이는 수상의 의향을 관철시키기 위한 어용적 자문회의라는 비난이 일고 있다. 농협 개혁은 국민이 뽑은 국회에서 논의돼야 한다고 농민단체와 학계는 주장하고 있다.

농협 개혁 추진기간은 2019년 5월까지이고 관련법 개정은 2021년까지 완료한다는 방침이다.

농협 개혁 주요 쟁점

이제까지 실천되거나 논의되고 있는 주요 쟁점은 이렇다.

1. 농협법상 전국농협중앙회 조직은 해체되고 일반 사단법인으로 전환되었다. 단위농협이나 연합회 조직에서 감사·감독·지도하는 권한이 박탈됐다. 그래서 전중의 운영비를 어떻게 조달하느냐가 문제다. 회원조합이 중앙회 회비를 거부할 것이라는 이야기도 있다.
2. 준조합원의 농협 이용은 실질적으로 전 국민에게 문호 개방된 것과 같으므로 준조합원의 농협사업 이용을 제한한다는 것이다. 특히 신용사

업에 치명적인 영향을 끼칠 수 있다는 점이 우려된다.

3. 협동조합의 원칙인 수탁판매를 금지하고 매취판매로 전환하라는 점이다. 농가의 이익 보장을 위한 적극적인 매취판매 사업을 요구한다.
4. 조합원 대상 지도와 교육을 정부 부처인 문부성이 해 농협은 지도사업비 집행을 하지 못하게 하겠다는 것도 논의되고 있다.
5. 회원농협의 신용사업을 분리해서 농림중금(특별법에 의한 도매금융기관)에 이양하고 회원농협은 대리점 업무를 하도록 한다는 점이다. 여기에 일부 경제사업이 활발한 농협은 찬성하고 도시농협은 반대의 입장이다.
6. 농협의 공동판매사업이 독점금지법 위반으로 일부 지역에서 제소되었다. 즉 공동판매 위반농가에 대한 농협의 제재는 부당하다는 점이 쟁점의 대상이다.
7. 회원농협은 농업소득 증대를 최대의 목표로 하고 이를 위해 이사의 과반수를 인정농업자로 구성하며, 조합원의 자치를 폐지하는 인정농업자의 농협으로 전환하겠다는 방향이다.

일본 정부가 내놓고 있는 농협 개혁을 단계적으로 보면 다음과 같다.

- 1단계 – 2014~2015년까지 행한 중앙회 제도 폐지와 단협종합사업의 주식회사 전환, 전농의 주식회사화. 공제와 농림중금은 서비스무역교섭(PISA)에서 개방 압력을 받고 있다. 금융과 공제 분야는 일본 재계의 입김이라고 보는 것 같다.
- 2단계 – 2016~2017년까지 시행된 전농 개혁과 생산자재 도매시장을

포함한 유통가공 분야 업계 재편이다.

- 3단계 – 2018~2020년까지 단협의 신용사업을 농림중금에 양도하고 대리점화한다는 신용사업의 해체 분리다. 즉 연합회 제도를 전면 폐지하고 주식회사화한다는 것이다.

여기 내용이 모두 확정된 것은 아니고 이미 시행된 것도 있고 논의 중인 것이 많다.

농협의 자기 개혁

농협 조직은 자기 개혁을 선언하고 각 농협에서 농가에 실질적인 지원활동을 강화하고 있다. 자기 개혁의 기본방향은 농가소득 증대, 농업생산 확대, 지역사회와 상생 3가지에 목표를 두고 구체적 실천방안을 논의하고 있다. 가장 눈에 띄는 것은 농자재 가격 인하이다. 그러나 필자가 보기에는 이미 동력을 잃었고 다분히 수세적이다.

이러한 정부의 농협 조직 개혁 방향에 대해 전중을 중심으로 조합원에 대한 여론조사에 나서고 있다. 즉 1천만 전 조합원을 상대로 앙케트 조사를 해서 농민의 집약된 의견으로 정부의 농협 개혁을 반대하겠다는 여론전에 나선 것으로 보인다. 전 직원이 농가를 방문, 농협이 필수 조직이라는 점과 농협의 해체나 약체화를 반대한다는 점을 부각시켜서 정부에 제안한다는 것이다. 특히 준조합원에게는 지역농업 진흥과 발전을 위해 적극 참여하고 있다는 방향으로 평가받을 수 있도록 노력한다.

여론조사 전에 농협 축제와 직매장 활동, 각종 연수 등 농민 조합원과의 접점을 확대해서 농가로부터 호의적인 평가를 받고자 노력하고 있다. 즉 전 조합원의 친 농협 조합원화를 위한 노력이다. 여기서 한국 농협에 비하면 조합원과 농협의 접점이 활발하고 가깝다는 점을 느꼈다. 예를 들면 일본 농협 월력에 매월 1회 '전 직원 전 조합원 방문의 날'이 정해져 있다. 모든 조합원과 직원이 밀착돼 있다는 증거다.

이를 위해 외곽 연구기관 및 협동조합 연구단체와 협력해서 여론전에 나서는 모습이다.

농림성의 방향

현재는 농업인의 세대 변화기, 즉 구조적 변화기라는 점에 중점을 두고 소농인 조합원의 의견보다 대규모 영농법인이나 후계자(인정농업자)가 평가하는 농협(이들의 소득 향상을 적극적으로 실천하고 있는 농협 조직)으로 개혁돼야 한다는 것이다.

그래서 농림성은 후계자 등 기존 농협 조직에 불만이 많은 대규모 농가를 대상으로 여론조사에 착수했다.

아베 수상은 심지어 이제까지 대신(장관)이 갖고 있던 고위직 관료 인사권을 총리에게 이관하고 농림성의 농협 개혁 차관 오쿠하라 마사아키(奥原正明)의 임기를 2년 연장해 농협 개혁에 박차를 가하고 있다. 이 관료는 오랫동안 농협의 최일선 그리고 농촌의 현장을 방문하면서 농협 개혁 방안을 주도적으로 만들어왔다고 한다. 아베 수상의 강한 정치력 때문에 '아베 천

황'이라는 별칭도 듣는다. 이는 소선거구와 연약한 야당의 존재 등 정당 정치 때문이라는 분석이다.

심지어 규제개혁회의에서 농협이 주장하는 국제협동조합연맹(ICA) 원칙은 일본의 법률이 아니며, 일본 국내법의 개정과는 관계가 없다는 논리도 개진되었다고 한다.

이를 두고 재야 학자들과 지식인들은 야당이 연약하니까 정권의 사물화(私物化)되었다고 비난한다. 그러므로 농협 개혁은 수상의 의향대로 움직이

구들장논 – 쌀밥 먹기 위한 열망(세계농업유산), 2019, oil on canvas, 72.7×53cm

는 규제개혁회의 등 어용적 자문회의를 폐지하고, 국회의원에게 권한을 주어 추진해야 한다는 주장도 있다.

유엔의 SDGs 역행

유엔의 '지속가능한 발전목표(SDGs) 2030 어젠다'는 지속가능한 사회를 만들어야 한다는 내용인데, 그 가운데 가장 중요한 것은 빈곤문제다. 이를 달성하기 위해 협동조합운동을 높이 평가하고 이후 활발한 조합운동을 요구하고 있다.

지속가능이라는 점에서 개혁, 수출 증대, 농업 성장 전략을 보면 일본 정부는 지속가능과는 관계없는, 이제까지 있었던 성장 전략을 취하고 있으며 이는 세계 흐름과 배치된다.

일본 정부의 이러한 움직임은 협동조합을 인정하지 않겠다는 것이고, 국제적인 양극화나 빈곤문제와도 역행하겠다는 논리로 받아들여진다.

농협본부장으로서 아쉬웠던 기억

◆◆◆

1997년 2월부터 이듬해 5월까지 전남농협본부장으로 근무했다. 1년여의 짧은 기간에 어떤 성과를 내어 자랑스럽게 생각되는 것은 별로 없고 아쉬움만 있을 뿐이다. 그러나 몇 가지 의미 있는 사항도 있는 것 같아 그때를 회상하며 용기를 내어 기록으로 남기고자 한다.

먼저 전남의 공공금고 문제다. 오랫동안 전남의 공공금고를 지방은행인 광주은행이 담당하고 있다는 점은 농협인으로서 자존심의 문제라고 생각했다. 농협 조직의 가장 큰 장점은 조직력과 자금력 및 인적자원이라고 항상 생각해왔다. 더욱이 전남은 전국 쌀 생산량의 20%를 생산하는 농업도다. 농가소득 중 농업소득 비중이 다른 어느 도보다 높은 편이다. 타 산업이 열악하므로 전남도의 행정은 농업 행정이라고 봐도 과언이 아니다. 그런데도 농업과 관련 없는 상공인들이 출자해서 만든 지방은행에 공공금고를 맡기고 있는 것은 납득할 수 없다는 것이 처음부터 나의 생각이었다.

계란으로 바위 치기

내가 부임 인사차 방문하여 만난, 공공금고 관련 H씨는 농협은 진정한 협동조합이 아니고 필요 없는 조직이라는 논리를 폈다. 나는 농협은 농민이 출자한 조직이고 농민의 소득증대를 위해 전력을 다하고 있다고 강조했다. 농민의 경제적, 사회적 지위 향상을 위해 전격적으로 애쓰는 조직은 농협 조직밖에 없다고 주장했다.

그 뒤에도 만나는 기회마다 그는 농협이 필요 없는 조직이라는 그런 식의 이야기를 자주 했다. 도저히 듣고 가만있어서는 안 되겠다 생각하고 언젠가는 농협의 조직력 등 장점을 행동으로 보여줘야겠다고 마음먹었다.

1년이 지나고 선거철이 되었다. 그의 반대편에 서서 우리 조직의 대표들을 만나면서 조직력을 움직여보았다. 내가 그렇게 믿었던 우리의 조직력은 지방 선거에서는 영향력이 별로 없다는 점을 실감했으나 물러설 수는 없고, 계란으로 바위 치기와 같다는 생각이 들었지만 기왕 부서진 돌멩이라면 철저하게 부서지자는 심정으로 끝까지 버텼다.

결과는 뻔했다. 그러나 한번 조직력을 움직여보았다는 점에 의미를 두기로 하고 농협대학 교수로 임명받았다. 내 다음으로 부임한 본부장이 뒷마무리 수습을 위해 많은 고생을 한 점, 이 자리를 빌려 항상 빚진 마음을 갖고 있음을 밝혀둔다. 그 후 후임 본부장들이 열심히 해주어 그 뒤부터는 공공금고를 농협이 담당하게 되었다는 점은 농협의 조직력이 만만치 않다는 증거라고 생각한다.

노조와의 소중한 인연

두 번째는 그 당시 회원농협 노조가 한창 시작될 즈음의 일이다. 전국 회원농협 노조위원장이 전남 출신 직원이었고 회원농협 노조를 주도하는 리더들도 모두 전남 회원농협 직원들이었다. 본부장으로 부임하자마자 회원농협 노조 대표들이 면담 요청을 해 왔다. 지역본부의 참모들은 만나면 노조 조직을 인정하게 되니 안 된다는 논리를 폈다.

나는 만나서 허심탄회하게 서로 이야기하고 들어줄 것은 들어주며 우리가 요청할 사항은 하는 등 설득이 중요하다고 생각했다. 어차피 노조가 탄생하는 대세이니 이를 거역할 수는 없고 이들을 건전한 방향으로 유도하는 것이 중요하다고 생각하고 어느 날 본부장 부속실에서 10여 명의 노조 간부들과 만났다. 회원농협은 조합원의 소득증대와 경제적 지위 향상이 우선이고 그 다음에 노조원의 신분이나 급여 문제를 주장해야 한다고 이야기했다. 그 뒤 이들과는 친해져서 명절 선물도 교환하고 개인적인 상담도 하는 사이로 되었다.

이런 차원에서 농민회와도 대화를 나누고 상호 소통의 자리를 만들었던 것은 의미 있는 일이었다고 생각한다. 1999년 어느 날, 전국농민회총연맹이 주도하여 농협중앙회를 점거한 적이 있다. 그때는 내가 중앙회 상무로 부임하고 1개월 정도 지났을 즈음이다. 중앙회의 8층과 9층을 무단 점거하고 집기를 부수고 농성하는 그들은 대부분 전남 농민회 출신이었고 나와는 안면이 있는 사람들이었다. 전농 서울사무소의 진주 출신 여직원을 나의 분당 집에서 숙박시켜 달라는 부탁을 받고 집에서 방을 하나 내주고 숙박시켰다. 그녀는 출근하면서 중앙회 앞에서 농성하고 나는 상무로서 안에서 근무하면서 점거단과 교섭하는 아이러니컬한 모양새가 되었다.

세 번째로 농업 조사팀 제도를 도입했다. 왜냐하면 전남은 농업 면에서 평균을 넘기 때문이었다. 특이한 농업 구조다. 중앙 단위에서 전국 평균으로 발표하는 농업 통계로는 전남 농정을 수립할 수 없다고 생각하고 전남만의 자료를 생산하여 전남도의 농정을 주도적으로 제안해가며 농협법 제1조의 목적을 달성해야 한다고 생각했다. 그러나 인력이 부족하고 지방자치에 대한 역사가 일천하여 소기의 성과를 거두지 못한 점은 아쉽게 생각한다.

지역조합 광역 합병 무산의 아쉬움

네 번째로 나주 지역농협 광역 합병 추진이다. 나주시 전체를 하나의 농협으로 통합하는 움직임이 조합장 중심으로 있었고 이를 지역본부에서는 적극적으로 받아들여 합병의 장점과 당위성을 설명하고 홍보했다. 조합장과 직원들은 찬성하고 농민회는 반대 입장이었다. 농민회와 조합장 임직원이 함께 참석하고, 본부장이 직접 참여하여 영산포농협 2층에서 토론회도 개최했다. 시대의 흐름이나 농가의 고령화, 그리고 농산물 수입개방, 금융업의 어려움 등 이유를 들어 광역 합병하면 농산물 판매에 유리하고 대농민 서비스가 향상된다고 주장했으나, 밤낮으로 확성기를 동원한 농민회의 반대 움직임은 더욱 심했다. 전 조합원이 일시에 투표를 했으나 3개 농협은 찬성하고 대부분의 농협이 합병에 반대했다. 찬성하는 농협만 합병하면 모자이크처럼 되고 말았다. 그래서 합병은 안 하는 것으로 결론내고 말았다. 그때 좀 더 적극적으로 설득하고 농민회가 조금만 미래지향적으로 생각해주었다면 전국 제일의 협동조합도 탄생할 수 있었다는 아쉬움만 남는다.

다섯 번째로 농업에 대한 국민의 이해가 선진국에 비해 부족하다는 점을 늘 아쉽게 생각했다.

그래서 부임하자마자 일반 국민이 농업의 중요성을 이해하고 농업보호에 동참해주어야 한다는 생각에서 벼 모종을 플라스틱 용기에 심어 초등학교에 나눠주고, 물을 주어 기르며 관찰일기를 써서 제출하면 상을 주었다. 또 나중에 벼를 수확해 떡메치기를 하면서 잔치도 하기로 했다. 논이 갖는 생명력과 수생 곤충의 서식처 등을 이해하고, 물의 저장 능력이 우리 생활에 미치는 영향 등을 생각하며, 농업을 보호하려는 농민의 요구가 농민만을 위한 것이 아니고 전 국민을 위한 것임을 이해해주었으면 하는 마음에서 시작했던 것이다.

호남이 없으면 국가도 없다

전남은 순수한 농도이다. 국민의 식량창고인 셈이다. 정유재란 때 남해안으로 상륙하여 서울로 진격하던 왜군이 보급로가 차단되어 더 이상 진격을 못하는 지경에 이르렀다. 그때 남쪽 해안을 담당한 충무공 이순신은 편지에 이렇게 기록했다. "호남은 국가의 울타리다. 만약 호남이 없으면 국가도 없다(湖南國家之保障 若無湖南 是無國家)." 이 내용은 충무공이 나의 14대 조부 희암(希菴) 현덕승(玄德勝)에게 보낸 편지 중의 한 구절이다. 전남에서 식량을 많이 생산해 군량미를 제공해주고 의병을 지원해주는 것을 높이 평가한 이 충무공이 호남에 대한 배려의 마음을 담아 '호남이 없으면 국가가 있을 수 없다'고 쓴 것이다. 농업 발전 없는 전남은 상상할 수도 없다. 식량 생산의 전진 기지로서 전남 농업의 발전을 위해 전남의 농업협동조합이 맡은 역할이 그 어느 때보다 크다.

국민의 행복이 지금의 화두가 되고 있다. 농민의 행복은 누가 해결해주는 것인가? 1인당 소득 3만 달러 시대, 경제력은 세계 15위이다. 우리는 그만큼 행복한 것인가? 한국인의 행복지수는 조사기관마다 다르지만 68위로 발표한 곳도 있고, 영국의 신경제재단(NEF)이 발표한 결과는 102로 평가된다. 부유해졌지만 그만큼 행복감을 느끼지 못한다는 것이다.

협동조합 정신인 공동체적 삶을 영위하는 지역의 주민은 행복감을 더 느낀다고 한다. 이것을 '동네 효과(community effect)'라고 한다. 동네 공동체를 활성화함으로써 사람들은 더 행복한 삶을 누릴 수 있다는 증거이다. 그래서 극단적인 양극화의 대안으로 자본주의의 모순점을 해결하는 방안으로 협동조합기본법을 제정하고 협동조합을 쉽게 만들도록 권장하고 있는 것이다. 서울시는 골목마다 협동조합을 만들도록 컨설팅을 해준다. 경제적 부유함만으로는 행복의 시대를 만들 수 없다는 이야기이다.

농협이 국민행복시대 열어야

우리 농협은 협동조합의 원조이다. '한 사람의 백보(百步)보다는 백 사람의 일보(一步)'를 더 중요시하는 것이 협동조합의 기본정신이다. 협동조합운동을 기초로 하여, 생산자와 소비자의 공동체적 삶을 통해 국민행복시대를 농협이 열어주어야 한다고 생각한다. 그런 차원에서 농산물 직거래도 활발히 이뤄져야 한다.

변하지 않는 조직은 생존할 수 없다. 전통적인 금융업으로 수익을 내는 시대는 끝났다고 보아야 한다. 금융업에서 잃어버린 수익원을 회원농협은 새롭게 어디서 찾아야 할 것인지? 시대의 흐름과 환경 변화에 대응하기 위해 농협 조직도 끊임없는 변화가 요구되는 시기임은 분명하다. 지금의 농협 조직은 변화의 소용돌이 한가운데 위치하고 있는 것이 아닌지?

조합원이 고령화되고 농가소득이 감소하여 생활의 어려움을 겪는 조합원이 많다. 이러한 조합원들의 요구를 어떻게 수용할 것인가도 과제이다. 수입개방으로 어떤 작물을 재배하고 어떻게 판매해야 할 것인지? 농민의 경제적,

사회적, 문화적 지위 향상을 위해 농협은 어떤 사업을 어떻게 해야 할 것인지? 지방자치시대 지역사회에서 농협의 위치는 어디인지? 농협은 답해야 하고 그 길을 제시해야 한다.

짧은 기간 근무하는 동안 이런저런 아쉬움을 남긴 전남농협의 무궁한 발전을 기원한다.

還自園(환자원)-자화상, 2016, oil on canvas, 162×130.3cm

농산촌유토피아를 아시나요

제 3 장

아름답고 살기 좋은 생태공동체

- 마을의 위기, 도시의 위기
- 자연과 인간이 상생하는 사회
- opinion 1차 산업과 함께하는 유토피아적 사회
- 농토피아, 눈비산마을 공동체
- 유기농 농토피아, 문당리
- 건강수명 늘리는 가벼운 일과 농산물 직매장
- 음다흥(飮茶興) 음주망(飮酒亡)
- 유기농업과 농업 6차 산업화

마을의 위기, 도시의 위기

◆◆◆

대장간마을-임진왜란의 공로자, 2019, oil on canvas, 72.7×53cm

마을이 사라질 위기다. 그래도 될까? 수천 년 동안 선조들이 피땀 흘려 삶의 터전으로 만들고 나라의 기초가 되었던 마을이 없어질 처지다.

고향마을을 보면 한 마을의 사정이기는 하나 매우 심각하다. 41호의 마을에 65세 이상 인구가 60%를 넘고 초등학생은 한 명도 없다. 노인 홀로 사는 세대가 10여 호다. 농사일을 하며 사는 농가는 2호뿐이다. 10년 정도 지나면 폐촌이 될까 염려될 지경이다. 만약 마을이 사라진다면 5만 평 정도의 논밭은 어떻게 되고 임야는 어떻게 될 것인가 걱정이다. 조상들의 묘지 관리는, 그리고 마을의 수호신인 미륵의 관리와 미륵제는 누가 맡나. 40여 기의 고인돌 유적은 어떻게 관리될 것인지 가늠하기도 쉽지 않다. 10년 후 고향마을이 사람 사는 곳으로 유지되기나 할까 의문이다. 현재 마을 수의 30% 정도는 소멸될 것이라는 전망도 나온다.

일본은 10년 후 농촌지역 지방자치단체 중 30%가 소멸할 것이라는 보도도 있었다. 그래서 1990년대부터 마을 인구 중 65세 이상 노인 인구가 50%를 넘으면 한계(限界)마을이라고 해서 마을 공동체로서의 역할과 기능이 불가능한 것으로 판단했으며, 지방경제의 활성화를 위한 지역협력대 파견 등 다양한 시책을 강구하고 있다. 폐촌이 국토와 음용수로 쓰이는 지하수의 보전에 심대한 영향을 미치는 것으로 판단하고 지식인들이 정부에 문제 제기를 하는 상황이다. 이미 지난 2010년 일본 열도 마을의 15%가 소멸 위기에 처했다는 보도도 나왔다.

필자는 유년기 고향마을에서 하루 종일 배고픈 줄도 모르고 산야를 뛰어다녔다. 봄에는 마을 앞 동산에 지천으로 자생하는 춘란 꽃대를 입에 넣고 질금질금 씹기도 했다. 그 후 70년 동안 도시지역을 오가며 살아왔다. 그런데 지금 내 머리 속에는 유년기 고향마을에서의 생활만이 아름다운 추억으로 남아 있다. 70년을 산 도회지의 생활에서는 추억으로 남아 있는 것이 별로 없다. 그래서 나는 애틋한 추억이 그리워 고향을 자주 찾는다. 도시생활에서 덮친 스트레스를 치유하기 위해서다.

코로나19로 상황이 달라졌지만, 2019년만 해도 한국인 해외 관광객 수가 외국인 입국자 수보다 많았다. 여행객들이 가장 많이 찾는 나라 중 하나가 스위스라고 한다. 스위스의 자연경관이 풍요롭고 아름다워서 마음의 치유가 된다는 것이다. 우리 농산촌의 자연도 스위스처럼 아름답게 가꿀 수 있다고 생각한다. 농촌에 있는 자연을 유지하기 위해서는 농업이 유지돼야 하고, 그러기 위해서는 민족문화의 원류인 농촌문화가 있는 마을이 유지돼야 한다.

얼마 전 연휴 기간에 도시지역의 아파트에서 태어나고 유년기를 보낸 손자들과 함께 제주 여행을 했다. 유년기에 자연과 함께한 아름다운 추억은 치유의 힘이 있다고 생각하고 조부로서 추억을 만들어주었으면 하는 바람에서다. 여행 후 귀가 길에 기행문을 써서 제출하면 평가해서 상금을 준다고 했다. 며칠 후 보내온 기행문을 보니 자연경관과 박물관, 미술관 이야기와 밀감 수확 체험 등이 두루두루 추억으로 각인된 것 같았다. 손자들은 이번 여행에서 경험한 추억을 갖고 21세기 미래를 살아가면서 어떤 어려움에 부딪히더라도 치유와 회복으로 힘차게 살아나갈 것으로 기대된다. 모처럼 조부로서 손자들에게 좋은 일을 했다는 생각이 들었다.

한때 인기를 끌었던 TV 드라마 '응답하라 1988'은 도시의 아파트 생활 이야기가 아니다. 도시지역 골목길에서 일어난 사소한 생활 이야기를 담았다. 이를 보더라도 치유가 되는 이야기와 추억은 도시 아파트보다는 농촌이나 골목길의 생활에서 나온다는 것을 알 수 있다. 농촌마을과 골목길의 삶은 서로 부대끼며 인간답게 사는 협동과 생활 공동체적 삶이기 때문에 강한 추억으로 각인된다고 생각한다.

그 골목길은 도시개발 혹은 재생사업으로 점차 사라지고 있다. 단순히 외

면적인 마을과 도시의 골목길이 없어진 것이 무엇이 중요하냐고 대수롭지 않게 생각할 수 있지만, 그 많은 소중한 이야기와 문화와 민족혼이 없어져도 되는 것인지 자문해볼 필요가 있다.

노인 한 명이 사망하면 도서관 하나가 없어진 것과 같다고 한다. 그들의 소중한 경험과 이야기는 민족의 무형자산이다.

이 외에도 마을은 농산촌의 아름다운 경관을 유지해 준다. 아름다운 마을과 경관은 국가 품격을 높여주는 중요한 요인이다.

이러한 우리의 농촌마을이 고령화와 산업화, 개방경제가 되면서 소멸의 위기에 처해 있다는 위기의식을 느낀다. 그 대안으로 몇 가지를 제안한다.

첫째, 마을의 전설과 문화유적을 지키자

노인들의 경험담 등을 토대로 마을의 역사를 기록하고, 이야기를 발굴한다. 벽화 제작 기부, 농산물 판매 보조, 영농 지도, 행정 보조 등을 위한 '마을 활성화 협력대(가칭)'를 만들어 마을의 재생을 지원한다. 이는 청년 일자리 창출과 지역경제 활성화에도 도움이 될 것으로 믿는다. 일정 기간 생활이 가능한 범위로 지자체와 정부가 생활비 보조를 하는 방안도 있다. 이들은 3년 이상 등 일정 기간 농촌 근무 후 마을에 정착할 수도 있고 떠날 수도 있다. 즉 귀농·귀촌을 사전 탐색케 하는 것이다.

둘째, '아름다운 마을 만들기 협의회'를 만들자

이 협의회를 통해 우수 지역을 표창하고 연구 발표를 하면서 마을주민과 도시인이 함께 만들어가는 모범마을을 탄생시켜보면 어떨까 생각한다.

셋째, 노인에게는 일자리가 가장 좋은 복지임을 인식하자

백세 시대라고 흔히 노래는 부르면서 백세 시대 준비는 하고 있는가? 준비 안 된 백세 시대는 재앙이다.

노년에 가장 불행한 사람은 일거리가 없는 사람이다. 젊어서는 일하는 목적이 가족 부양이다. 그러나 80세 이상이 되면 일은 이웃과 사회에 대한 봉사라고 생각해야 한다. 우리처럼 연금제도의 출발이 늦은 국가이면서 고령화가 초고속으로 진행되는 나라는 더욱 큰 곤경에 처할 수 있다.

최선을 다해 노인의 건강수명을 받쳐주는 것은 국가적 과제다. 그런 점에서 노인의 일자리는 농작업이 가장 적당하다. 가벼운 농사일로 다소나마 소득을 얻을 수 있고 자연과 함께 일하면서 건강을 유지할 수 있다면 일석삼조인 셈이다. 그럼 점에서 농산물 직매장 운영과 판매 보조 역할은 예산 투입 이상의 효과가 있다고 생각한다.

자연과 인간이 상생하는 사회

◆◆◆

코로나19 바이러스 감염은 지구촌에서 폭발적으로 일어난 지역이 있는가 하면 그 반대로 적게 발생한 곳도 있다. 국가가 사람 이동을 긴밀히 통제하고 철저한 진단을 통해 감염자를 찾아내 격리하는 경우 발생이 적고, 그렇지

음다홍-보성 녹차밭(국가중요농업유산), 2019, oil on canvas, 72.7×60.6cm

않은 경우 속수무책으로 만연하는 경향이다. 그 외에도 분명한 게 하나 더 있다. 그것은 이 감염증이 대부분의 경우 대도시 과밀지역에서 확산되고 있다는 점이다.

물론 이 바이러스가 농산어촌 사람들을 침범하지 않는 것은 아니다. 하지만 감염 환자가 대도시에서 압도적으로 많이 발생하고 있는 것만큼은 분명한 사실이다.

감염 폭발이 일어난 미국이나 서유럽, 브라질 등을 보면 도시의 사회구조에 하나의 공통점이 있다. 그것은 고정화된 격차사회의 존재이며, 도시가 중

류층 이상의 사람들이 사는 지역과 저소득층이 사는 슬럼가로 나뉘어 있다는 점이다. 한국에서도 격차사회는 진행되고 있지만 미국과 같은 슬럼가는 찾아볼 수 없다.

미국 등에서는 최초로 슬럼가에서 감염 폭발이 일어났다. 백인보다 흑인, 히스패닉계 주민이 감염자가 더 많다는 것도 눈여겨볼 대목이다. 그런데 도시 유지 기능의 상당 부분은 이 저소득층에 의지하고 있다. 일하지 않으면 당장 생활이 파탄 나는 사람들이 노동을 계속해야 했을 뿐 아니라, 그들 없이는 도시사회 자체를 유지할 수 없게 되어 있었던 것이다. 그것은 슬럼가의 감염자들이 도시 전역으로 감염을 확대하는 결과를 낳았다.

이렇듯 감염이 폭발적으로 확대된 배경에는 고정화된 격차사회와 저소득층에게 육체노동을 맡기는 사회구조가 있었다. 동시에 도시라고 하는 인구밀집 사회가 바이러스에 있어서는 활동하기 적합한 장소였던 것도 확실하다. 현대 도시사회는 바이러스에 약골임이 백일하에 드러난 것이다.

더욱이 도시 봉쇄나 자숙이 이뤄지자 현대사회의 몇 가지 문제가 표면화됐다. 그중 하나는 고령자의 생활방식이었다. 고령이 되면 요양원 등 노인시설에서 사는 사람들이 많다. 시설로서는 잘된 것이 많지만, 고령자가 모여 사는 스타일 자체가 감염 확대를 초래했다. 당연히 고령인 만큼 중증으로 치닫거나 사망하는 비율도 높아진다. 이래저래 현대 도시인의 라이프 사이클 자체가 감염증에 취약한 현실이다.

특히 우리는 종교 집회와 향락문화가 감염 확산의 취약점으로 나타났다. 이와 관련해서는 종교 지도자들의 각성과 함께 향락 행위의 절제가 요구된다.

여기에다 어느 곳에서 대량생산을 해 전국으로 운송하는 방식도 생산 및 수송 과정에서 집단 감염이 일어나고 전국으로 확산되는 원인이 되었다. 그것은 농산물에서도 마찬가지여서 미국과 독일에서는 축산물 가공공장에서 집단감염이 일어나고, 그곳이 폐쇄되면 축산농가도 출하처를 잃어 망연자실하게 되었다. 해외로부터의 수입이 멈추면 국내 상품 유통이 정체되었을 뿐만 아니라, 국내에서의 대량생산·대량유통이라는 방식 또한 감염증에 대해 취약한 시스템이었던 것이다.

다층적·중층적 지역사회를

이렇게 보면 신종 코로나 바이러스가 퍼지는 배경에는 오늘날 사회의 문제점들이 복합돼 있는 것을 알 수 있다. 앞으로 이 바이러스에 심하게 덜미 잡히지 않기 위해 현재의 각종 시스템을 어떻게 재편할 것인지 곰곰 생각해봐야 한다.

가장 중요한 것은 지역에서 필요한 기초 생필품은 지역에서 생산·공급해야 한다는 점이다. 물론 모든 것을 지역 내에서 만들 수는 없다. 적어도 군 단위에서 기초생활이 가능하도록 농식품과 생활용품이 공급되고 지역 내 생산이 불가능한 공산품은 도 단위에서 생산 공급이 가능하도록 할 필요가 있다. 즉 다층적·중층적으로 지역 내에서 선순환될 수 있는 시스템의 구축이 코로나19 위기에 맞설 수 있는 지속가능한 지역사회를 이루는 첩경이다.

1차 산업과 함께 영위되는 건강한 사회 재구축 필요

농수산업과 더불어 영위되는 사회를 재구축하는 것도 매우 중요하다. 왜냐하면 사회를 유지하기 위해서는 식량 생산의 순환적인 지속이 필수적이기 때문이다.

최근에는 감염 방지인가, 경제활동인가 하는 논의를 자주 듣는다. 물론 사회활동이 유지되면 경제활동도 성립되지만 경제활동만으로 자연과 인간이 함께 그 생명을 지탱하는 사회가 유지되는 것은 아니다. 우리는 어떠한 때라도 지속가능한 사회를 만들어야 하며, 그것은 농업을 비롯한 1차 산업과 함께하는 건강한 사회여야 한다는 점을 잊지 말아야 한다.

이제는 신종 코로나 바이러스뿐만 아니라 다양한 감염증과 인간이 불가피하게 공존할 수밖에 없는 시대가 올 것이다. 2020년과 같은 최장기 장마철과 폭우 피해와 같은 다양한 자연재해가 세계를 계속 덮칠지도 모른다. 인간들은 어떤 사회를 만들어야 위기에서도 그 사회를 유지할 수 있을 것인가를 진지하게 생각하지 않으면 안 되는 시기가 되었다.

코로나19 위기는 일극집중 대도시의 구조와 자연과 멀어진 도시적 라이프 스타일, 그리고 신자유주의적 자본주의의 확대가 주요 원인이다. 우리는 이대로는 지속가능한 사회가 될 수 없음을 확인했다. 여기서 우리는 무엇을 어떻게 궤도 수정할 것인지 찾아내야 한다. 1차 산업을 중심으로 자연과 인간이 상생하는 생태사회를 구축하는 것이 그 해답이 될 것이다. IT 전문회사 직원이 판교나 강남을 벗어나 청청한 숲 속에서 근무하는 시대가 성큼 다가왔다.

opinion

1차 산업과 함께하는 유토피아적 사회

글 · 후루사와 히로유(古澤広祐, 일본 국학원대학 경제학부 교수)

코로나19로 인한 팬데믹이 진행 중이다. 이미 많은 사람들이 이야기하고 있는 것처럼 이 팬데믹 이후의 세계는 모든 면에서 급변할 것으로 예상된다. 바이러스라는 존재는 지구 생명계의 진화 역사에서 불가사의하고, 내면의 움직임이 비밀에 싸여 있어서 다양한 관점이 중요하다. 그러나 지금 상황만 갖고 팬데믹 후의 세계의 방향을 생각해본다.

이번의 팬데믹은 예상을 뛰어넘는 세계 최대의 심각한 사태를 가져왔고 사회경제의 근간을 흔드는 격진 상항이 진행되고 있다. 상상을 초월하는 격변에는 대증요법을 뛰어넘는 혁신적이고 근원적인 대응책을 마련할 필요가 있다. 긴급 대책으로 나온 행동 자숙, 고용 지원, 자금 융자, 소비 증진 같은 통상적 방법만으로는 안 되고, 보다 근본적인 시스템과 사회 변혁을 시야에 넣고 추진해야 한다. 위기 때야말로 그 사회가 갖고 있는 약점이나 모순이 분명하게 나타난다.

코로나19 이후 우리 사회의 다양한 모순을 덮고 갈 것인지, 이를 토대로 변화의 기회를 만들 것인지, 분명하게 선택하고 가야 한다고 생각한다.

팬데믹의 맹위

코로나19는 현대 글로벌 사회의 급소를 직격하면서 맹위를 떨치고 있다. 이것은 급속 확대되는 글로벌리제이션에 대한 경종이고 세계의 발전 방향에 대한 질적 전환과 구조 변혁을 요구하고 있다. 그러나 이번의 팬데믹에 대해 대부분의 나라가 일과성으로 끝낼 가능성이 많다고 본다. 9·11 동시 다발 테러 사건(2001년), 9·15 세계 금융위기(2008년), 동일본 대지진(2011년)과 현재 진행 중인 코로나19 등에 대한 각국의 대처방법을 보면 이를 알 수 있다.

코로나19 이전에 일어난 사건들은 그 배경과 성격이 서로 다른 현대의 발전 양식과 깊은 관계가 있다. 전 세계인을 놀라게 한 이번의 팬데믹은 인간이 지구를 지배하고 일으킨 환경파괴에 대한 자연의 보복이라고 볼 수 있다.

인간 중심 사고와 경제적 이익을 앞세워 대도시를 폭발적으로 확대시키면서 대번영을 이룬 현대사회가 스스로 판 큰 함정에 빠지기 직전에 이르렀다고 본다. 인류의 미래와 관련해 최근에는《인류 멸망 12가지 시나리오》(옥스퍼드대학, 2015년),《인류가 멸망하는 6가지 시나리오》(후렛드 구테르) 등에 암울한 전망이 적시되어 있다. 이런 자료들을 보면 인류 대번영의 이면에는 거대 리스크가 잠복해 있음을 알 수 있다.

여러 나라의 현재의 심각한 사태를 보면 지구의 파국적 결과에 대한 예상은 결코 너스레가 아니다. 팬데믹이 인류 멸망에 직결한다고 보기보다는, 경제 위기가 먼저 오고 국가 간의 대립, 다른 나라 공격 등 불안 증대의 악순환적 파국 시나리오에 빠질 염려도 충분히 있다. 이번만이 아니고 기후변화로 인한 각종 재앙도 앞으로 사회적 취약계층에 계속해서 큰 상처를 남길 가능성이 있다.

정보와 금융에서 부의 축적과 재분배

팬데믹 후에 나타나는 정치체제에 대해서는 이스라엘 역사학자 유발 하라리(Yuval N. Harari)가 지적한 것처럼 중국과 같은 강권적 전체주의 사회로 갈 것인지, 아니면 민주와 시민의 자립자치형 사회로 갈 것인지, 두 가지로 생각할 수 있다. 민주 시민형이라고 하더라도 시장 경제적 대응(개인주의와 비즈니스 중시)인지, 아니면 사회 민주적 대응(자치, 커뮤니티, 연대 중시)인지, 두 가지 큰 갈래가 있다. 특히 경제체제는 각국의 대응과 여러 가지 제도가 어떻게 기능을 발휘할 것인지 결정돼야 한다. 더욱이 본질적 리스크 대응으로는 오늘날과 같은 자본주의적 시장 성장형 경제의 재검토가 필요한 시점이 되었다.

단적으로 말하면 경제적 효율과 이익을 최우선으로 하는 활동이 오늘날의 도시 집중형 세계를 탄생시키고, 광역의 경제권으로 확대함으로써 성장과 확대가 연쇄적으로 가능했다고 본다.

이러한 효율화와 규모 확대, 성장을 우선시하는 일극집중화(一極集中化)가 결국 거대 리스크라는 큰 취약점을 내포하게 되었다.

여기서 글로벌 도시의 형성을 정점으로 주변 지역이 서열적으로 편성되어 가는 세계가 만들어지고, 또 그 정점에 한 무리의 테크노 초엘리트가 군림하는 경쟁 격차사회를 출현시켰다.

부를 산출하는 경제활동으로 경제발전의 역사를 볼 때, 크게는 자연 밀착형 1차 산업(자연자본 의존형 산업)에서, 2차 산업(인적자본, 화석자본 의존형 산업)과 3차 산업(상업, 서비스업, 금융, 정보산업)으로 이행 확대되었다.

최근에는 부(富)가 지나치게 금융산업에 편중됐다. 이것은 요즘의 대부호가 정보나 금융 분야에서 글로벌적으로 부를 축적하는 초대형 왜곡 현상을 탄생시키고 있다. 이로부터 부가가치 부분을 효율적으로 흡수할 수 있는 시스템을 만들고 상상을 초월하는 고소득과 거액의 부를 축적하게 되었다.

1차 산업 바탕의 자연 상생사회가 유토피아다

기본적으로 농산어촌이 대도시에 종속되는 관계를 넘어 농산어촌 르네상스적인 전개 방향으로 자립, 분권, 지역사회 중시의 글로컬한 사회 형성이 필요하다. 산업구조로는 1차 산업을 기초로 하고 다원적 가치를 중요시하는 자연상생사회가 돼야 한다고 본다. 그런 사회가 바로 농산촌유토피아다.

울릉도 다랭이밭(국가중요농업유산), 2019, oil on canvas, 65×50cm

농토피아, 눈비산마을 공동체

◆ ◆ ◆

일본의 유기농산물 유통업체 '다이지(大地)'의 후지다(藤田) 회장 일행이 충북 괴산군 소수면 눈비산마을에서 숙박한다는 전화를 받고 그곳을 찾았다. 그전에도 흙살림의 이태근 회장과 자주 교류하면서 이 마을의 지도자 조희부 씨의 이야기를 들은 적 있으나 이 마을에 대해 잘 모르고 있었다.

다이지는 유기농산물 유통업체다. 일본 열도의 유기농업 농가와 도시 소비자 10만 명이 연간 1천 엔씩 회비를 내고 가입한, 유기농산물 택배 판매업체다. 단수한 이익 창출이 목적이 아니고 지구와 지역사회의 환경을 생각하는 사회적 기업이다.

후지다 회장과는 오랫동안 친분 관계가 있었던 참인데 모처럼 다이지의 농민 회원 20여 명과 견학 여행 왔다는 그의 전갈을 받고 급한 마음으로 내가 그린 미술작품 한 점을 들고 찾아갔다. 국도에서 내린 뒤 한참을 꼬불꼬불한 산속 길을 달려 그 마을의 주민 교육장 겸 숙소에 도착했다. 숙소는 마을의 교육장이자 합숙소로 사용한다. 마을주민 10여 명과 후지다 회장 일행이 유기농업과 지역사회 발전, 환경문제 등에 관한 사례와 소감 발표를 하고 있었다.

눈비산마을은 '설우산(雪雨山)'마을이란 뜻으로, 1960년대 미국 메리놀선교회에서 파견한 천주교 청주교구 소속 신부들이 신용협동조합을 만들면서 시작되었다. 1968년에는 괴산본당의 장제남(Clyde F. Davis) 신부가 충북신협 지도자와 함께 가축사양조합을 설립했다. 미국 오클라호마농대를 졸업하고 목장을 했던 장 신부는 농촌마을 신협과 함께 소를 키워 농가소득을 높이고자 했다. 이후 자연 생태계에 어울리는 농업을 실천하고 도시와 농촌의 공동체적 나눔으로 살기 좋은 농촌 만들기에 이바지하고자 재단법인 눈비산마을로 출발했다. 주변에 논밭, 임야, 목장 등을 소유하고 귀농연수원도 운영한다.

조희부 씨는 농촌에서 태어나 엄혹하고 어두웠던 군부독재 시기에 민주화 학생운동을 했고, 지역사회와 생명을 살리는 협동조합운동을 20대부터 이곳 괴산에 내려와 지금까지 계속하고 있는 사람이다. 생활협동조합운동가 박재일 씨와 함께 한살림운동을 초창기부터 함께 했다.

텃밭을 지나 언덕배기에 오르니 양계장이 보인다. 모두 6동으로 이뤄진 계사는 야마기시 양계기법을 활용하고 1만 2천~1만 3천 마리의 닭이 하루 1만 개의 알을 낳는다. 생산량 전량은 유정란으로 한살림에 납품한다. 양계장 자체가 비나 눈은 맞지 않지만 3면에서 통풍이 되도록 설계돼 있어 위생적이며 닭들에게 좋은 사육환경을 제공하고 있다. 계분과 왕겨를 섞어 발효, 건조되기 때문에 냄새가 거의 나지 않는다. 계분의 3분의 2는 꺼내 퇴비로 쓰고, 3분의 1은 그대로 놔둔다.

이 마을에서는 밀농사도 하고 있다. 국산 밀을 사용하여 우리밀보름달전병, 우리밀유정란전병, 구은유정란, 호두과자 등을 생산해 모두 생활협동조합 매장에서 판매한다. 토종종자인 쇠뿔가지, 재래종중파, 구억배추, 토종벼 등 우리의 토종종자를 보전하고 이를 생산해서 판매한다.

천주교를 중심으로 농민과 함께 시작한 이 마을 공동체는 작목반을 만들어 한살림 가공업체로 진행했다. 한살림에 전용 출하하는 생산농가는 250호에 이른다. 농장은 재단이 소유하고 있고 공동체의 6가구가 운영한다. 그 외 사람들에게는 월급이 지급된다. 현재 사료는 1백% 수입품이기 때문에 장기적으로는 양계 규모를 줄이고 유기농 인삼 연구와 더불어 인근 산에 새로운 과수농업을 해 양계와 연계한다는 구상이다. 도시의 젊은이들이 와서 생활한다면 농촌생활과 공동체적 삶의 장점을 경험할 수 있는 좋은 기회가 될 것이라고 힘주어 말했다. 공동체적 삶은 육체 건강과 마음 치유에 도움 되며 국가 미래를 떠받치는 주춧돌이 된다는 설명이다.

조희부 씨는 젊은 시절부터 공동체에 대한 열망을 갖고 있었다. '어떻게 하면 좋은 세상을 만들 수 있을까' 생각하며 불교사회주의에 심취하기도 했다. 자기 자신을 잘 살펴보면서 개인 문제를 해결하고, 사회 문제도 해결하는 방법을 모색해왔다. 그는 평소에 수행에도 관심이 있었다. 지금도 마음을 비우고 다스리는 데 도움을 주기 위한 수행 프로그램을 진행할 계획을 세우고 있다. 공동체가 물이 고이지 않고 흐르도록 하기 위해서는 이러한 수행 프로그램으로 구성원들과 만나 교류하고 생활도 함께 해야 한다는 생각이다.

아무리 좋은 공동체라도 지도자가 열심히 하지 않으면 지속될 수 없을 것이라는 생각이 들어 이제까지 고심하고 있다는 설명이다. 그래서 조씨는 결국 공동체는 실제적으로 사는 것이 재미있고 좋아야 하며, 개인의 자유, 가치를 최대한 존중하면서 공동체로 묶는 방법을 찾아야 한다는 생각이다. 또한 개별 생명체의 속성, 원리, 운동, 생명유지 작용에 대한 이해가 깊어져야 하고 온 세상, 즉 자연과의 조화가 이뤄져야 한다는 판단이다.

우주 자연이 최고의 공동체이므로 자연에서 배우고 서로 방해하지 않으며 다양한 방법으로 즐기도록 하면 되겠다는 생각으로 지금까지 실천하고 있다.

'내 마지막 꿈은 진짜 농사꾼이 되는 것이다' '군자는 자중자애하고 자강불식해야 한다'는 생각을 갖고 부족하지만 이제까지 실천해 왔다는 것이다. 또한 자연이 가장 큰 스승이며, 우리 주변에 늘 있는 나무로부터 배울 것이 많다는 그의 삶의 철학이 21세기 물질문명 시대를 살아가는 우리에게 던지는 충고로 받아들여졌다.

유기농 농토피아, 문당리

◆◆◆

오리농법과 유기농업을 하는 공동체마을로 문당리가 세간에 많이 알려져 있다. 충남 홍성군 홍동면 문당리는 고즈넉한 언덕에 집들이 옹기종기 모여 있는 한적한 마을로 왠지 모르게 따스한 분위기가 느껴진다. 마을 자체로 운영하는 환경농업교육관도 있다. 문당리 발전 1백 년 계획을 수립해 추진하는 생태마을이다.

최근 마을 촌장격인 주형로 씨의 소셜네트워크서비스(SNS)를 통해 논에서 붕어, 메기, 미꾸라지 등을 한 소쿠리 가득 잡은 이야기와 물고기들이 펄펄 뛰는 동영상을 접한 적 있다. 그래서 민물고기 요리를 먹을 수 있겠다는 기대감을 갖고 2020년 11월 초 그의 집을 찾아갔다.

집 응접실에는 유달영 선생의 글 '대자연은 어머니 품 그 사랑 농심(農心)',

홍순명 씨의 글 '농업예술(農業藝術), 농민국보(農民國寶)'라는 액자가 걸려 있었다.

이 유기농마을을 처음부터 이끌어 온 지도자가 주형로 씨다. 그는 풀무학교 교장이던 홍순명 씨로부터 오리농법을 전수받아 이를 지금까지 실천하고 있다.

오리와 거미가 농사지어준다

문당리에 들어서면 피 하나 없이 깔끔한 논 풍경이 인상적이다. 가까이 가보니 벼 포기도 꼿꼿하니 힘이 있다. 독한 농약이나 많은 일손을 써서 그런 게 아니다. 오리들이 봄부터 여름까지 부지런히 농사를 지어준 덕분이다.

문당리는 마을 전체 농민들이 오리를 이용한 유기농법으로 벼농사를 짓고 있다. 생활이 곧 교육이고 교육이 곧 생활인 풀무학교도 함께 있다. 풀무학교는 '학생'을 상품처럼 찍어내는 교육이 아닌, '더불어 사는 평민'을 양성해내고 있다. 학생들은 수업을 통해 마을과 긴밀한 교류를 하며 지역사회에 깊이 뿌리내리고 있다. 또 우리나라 최초로 마을의 백년 계획을 세워 농촌을 희망이 있는 곳으로 만들고, 농촌과 도시가 공생하는 방안을 마련하고 있다. 그중 하나로 도시 소비자와 생산자가 함께하는 농업을 위해 소비자는 봄에 오리를 사서 논에 넣어주고, 생산자는 가을에 추수한 쌀을 보내주는 행사를 1994년 이래 매년 해오고 있다.

모내기 후 열흘쯤 지나 새끼 오리를 논에 풀어 넣는다. 그러니까 오리와 벼가 같이 자라는 셈이다. 오리의 분주한 물갈퀴질에 논에는 늘 흙탕물이 오르게 되어 햇빛을 받지 못한 바닥의 잡초 씨앗들이 발아하지 못한다. 눈 밝은 오리들은 벼 밑동의 해충들을 쪼아 먹고, 위쪽에 있는 진드기나 벼멸구도 벼를 머리로 쳐 떨어뜨려 잡아먹는다. 자연히 농약 치고 피사리할 일도 없다. 게다가 다섯 발짝에 한 번씩 똥을 누는 오리가 구석구석에 천연비료를 뿌려주니 화학비료도 필요 없다. 오리가 움직이며 만드는 물살에 벼 뿌리도 튼튼해진다. 그렇게 오리 한 마리가 논 열 평 농사를 거뜬히 짓는다.

여름 끝 무렵 이삭이 패면 논에서 오리를 빼낸다. 그러면 거미들이 논에 들어가 남아 있는 해충들을 모두 잡아먹는다. 예전에는 유기농 하는 논에 해충들이 몰려들었지만 이제는 반대다. 천적인 오리와 익충(益蟲)들에게 쫓기다 죽느니, 농약에 죽더라도 당장은 숨 좀 돌리고 살겠다는 해충들이 농약 치는 논으로 달아난다.

오리농법이 본격화된 지금 이 지역 135만 평의 논 480농가가 무농약 농사를 짓고 있다. 생산한 오리쌀은 풀무생협을 통해 소비자들에게 직접 판매하고 있고 2019년은 생식업체, 이유식업체의 대량 주문도 있어 오리쌀 5만 가마를 전량 판매할 수 있었다. 가격도 일반 쌀보다 30% 더 받아 40억 원의 수익을 올렸다. 최근에는 웹사이트를 개설해 온라인 판매를 시작했다. 밥상의 안전을 걱정하는 소비자들이 늘고 있어 오리쌀 전망은 밝아 보인다.

자연과 마을의 회복

오리농법 덕분에 생태순환 고리가 다시 이어진 문당리에 벼메뚜기와 멧돼지 같은 야생동물들이 돌아왔다. 자연이 살아나면서 사람들의 삶도 긍정적으로 바뀐다는 주장이다.

"오리는 저 홀로 지내다가도 위기가 닥치면 집단적으로 대처해요. 오리농법을 하면서 마을사람들의 공동체 관념도 바뀌었어요. 요즘은 주민들이 마을의 공동 부역 행사에 거의 99% 참여합니다." 주씨의 자랑이다.

마을사람들은 함께 일하며 나누는 공동체의 재미를 되찾았다. 지난 2000년에는 마을사람들이 3만 6천 장의 흙벽돌을 직접 찍어 마을 들머리 아담한 언덕에 '나눔의 집'을 지었다. '환경농업교육관' '마을정보센터' '농촌생활유물관' 등을 포함하고 있는 나눔의 집은 마을주민의 교육과 문화 나눔 공간으로 활용되고 있다. 마을 일도 영농조합법인에서 민주적으로 풀어간다. 모든 일은 만장일치로 결정한다. 더디더라도 주민 전체의 의견이 모아질 때까지 기다리기 위해서다. 공동체 살림도 조금씩 늘어 어느새 마을 자산이 8억 원이다. 오리농법 쌀을 정미할 정미소도 세워 주민들이 직접 운영한다.

마을공동체가 회복되면서 이웃의 아픔을 모른 척하는 일도 사라졌다. 지난봄, 동료 농민이 젖소에게 먹일 볏짚을 묶다가 트랙터에 손을 다치자, 한창 바쁠 때였어도 이웃 주민들이 대신 논의 볏짚을 걷어내고 퇴비를 펴주는 일을 한 적도 있다. 이웃 간에 어려움을 나누는 것이 '상식'인 마을에서는 더 이상 특이한 일이 아니다. 또 유기농을 실천하자는 터에 지역 아이들에게 농약 친 쌀을 먹일 수는 없다며 올해부터 홍동지역 학교들에 오리농법 쌀을 공급하기 시작했다. 그 비용의 상당 부분을 오리쌀작목회에서 부담했다.

문당리는 유치원에서부터 대학교까지 자기 지역에서 공부하고, 자급자족하여 순환하는 공동체마을이다. 정미소, 제분소, 유기농산물을 유통하는 생활협동조합, 신용협동조합, 비누공장, 제빵공장, 농업교육관, 농업박물관 등이 있다. 또 빨간 지붕의 건물에 찜질방을 새로 만들었다. 나이 많은 주민들이 힘든 농사일로 아픈 허리와 신경통을 달래기 위해 가장 필요하다고 해서다. 정미소에서 나온 쌀겨를 발효시켜 만든 가스를 에너지로 쓴다.

마을에 있는 교회의 목사는 주민으로 들어와 농사도 짓고 마을 부역도 함께 한다. 한글학교도 만들어 지역을 섬기는 일에도 열심이다. 그러다 보니 기독교에 반감 갖고 있던 주민들도 이제는 교회를 비판하지 않는다. 심지어 사사로운 잔치에 목사가 오지 않으면 서운해할 정도다.

내적 힘이 생긴 마을사람들은 희망의 미래를 설계했다. 지난 2000년, 녹색연합과 서울대 환경계획연구소의 도움을 받아 '넉넉한 마을, 오순도순한 마을, 자연이 건강한 마을, 자연과 조화되는 마을'을 지향하는 '21세기 문당리 발전 1백년 계획'을 세웠다. 당장 이듬해 농사와 살림살이도 불확실한 농촌 현실에서 백년의 상상력이란 쉬운 일이 아니다. 그동안 1단계 사업으로 삽교천 훼손 구간의 자연형 복원, 오리농법 쌀 특화, 생태마을의 이상을 나누기 위한 도농교류 프로그램과 생태관광 운영, 웹사이트 개설 및 마을 정보화 사업 등을 차근차근 실행해왔다. 이처럼 공동체를 회복하며 '입장'을 같이하는 이들에게서 생동하는 힘을 발견하게 된다.

풀무철학, '더불어 사는 평민'

작은 마을이 어떻게 이 모든 일을 실천해올 수 있었을까? 환경농업교육관 방인성 사무국장은 "풀무의 철학이 없었다면 이만큼 일을 만들어놓을 수 없었을 것"이라고 말한다.

풀무학교는 세계를 교회 삼아 무교회 신앙을 실천하던 주옥로, 이찬갑 선생이 1958년에 설립한 유서 깊은 대안학교이다. "성서에 바탕을 둔 깊이 있는 인생관과 학문과 실제 능력에서 균형 잡힌 인격으로 하나님과 이웃, 지역과 세계, 자연과 모든 생명과 더불어 사는 평민을 기르고자 한다"는 교육 목표는 바로 풀무의 살아 있는 정신의 표상이다.

현재 교사 13명과 강사 10명, 학생 78명이 기숙사에서 공동체 생활을 하고 있다. 인원이 적은 까닭은 대화와 인격적 관계를 가능하게 하기 위해서다. 교육 내용도 입시 편중에서 벗어나 머리(학문), 가슴(신앙), 손(노작)을 고루 발전시키는 전인교육을 반영하고 있다. 최근에는 풀뿌리 주민대학인 2년제 전공과정 '환경농업과'를 만들어 생태적 삶을 꿈꾸는 성인들 교육도 하고 있다.

문당리에는 풀무학교에 자녀들을 보내기 위해 귀농한 이들도 있다. 자녀를 입학시키려면 부모가 일정 기간 이상 농사꾼이 돼야 하는 조건 때문이다.

주형로 선생은 오리농법을 배우러 온 농민들에게 "서울의 잘사는 사람들을 목표 삼지 말고 우리 식대로 삶의 여유와 멋을 즐기자"고 열변했다. 조상들이 살아 보였던 두레의 삶, 오순도순 이웃이 있는 삶이 넉넉한 삶이라는 것이다.

주 선생은 "농민들도 정원을 가꿀 수 있어야 한다"고 말했다. 생각해보니 농가 앞뜰, 뒤뜰에 정겹게 있던 정원이 언제부터인가 보기 어렵게 된 것 같다. 생존을 다투느라 한가로이 꽃을 돌볼 여유가 없었던 탓일까. 농가의 본래 뜨락 자리는 작업공간이나 텃밭으로 바뀌었고, 정원은 부유한 도시인들의 전유물처럼 되어버렸다. 동네에 연못도 만들고 집집마다 꽃도 심어 가꾸며 사는 게 넉넉한 삶 아니냐는 그의 말이 싱그럽다.

문당리 사람들은 발전을 위한 삶의 동력도 자연을 훼손하지 않는 저에너지 문화에서 찾으려 한다. 적어도 나눔의 집 전기와 찜질방 에너지 등만이라도 자체적으로 해결하자는 바람에서 내몽골에서 풍력발전기를 들여와 언덕에 세웠다. 초속 1.2m의 바람으로도 전력을 생산할 수 있다고 한다. 장기적으로는 태양열과 태양광, 바이오가스 등의 자연 에너지를 사용하는 방안도 적극적으로 모색하고 있다.

자연과 조화를 이루는 문당리 주민들의 질박한 삶은, 가진 것은 많을지 모르지만 후손뿐 아니라 자신의 미래에 대해서도 파괴적인 도시의 삶보다 훨씬 더 넉넉해 보였다.

서로에게 풀무 같은 이들이 이웃이 되어 살아가는 문당리는, 넉넉한 삶은 물질적 풍요에서 찾아지는 게 아님을 가르쳐 준다. 자연과 인간이 어울려 생명공동체가 되어가는 문당리 마을에서 우리의 건강한 미래가 보였다.

건강수명 늘리는 가벼운 일과 농산물 직매장

◆◆◆

새 정부가 들어선 뒤부터 일자리 문제가 과거 어느 때보다 자주 거론됐다. 일자리는 정부 국정 과제의 핵심이며 온 국민의 관심 사항이다. 그런데 주로 도시 청년들의 일자리 문제가 거론되지, 농촌 고령자의 일자리는 우선순위에서

원목 표고 재배, 2018, oil on canvas, 72.7×60.6cm

밀리는 것 같다.

우리나라는 세계 역사상 유례가 없을 정도로 고령화가 빠르게 진행되고 있다. 농촌은 65세 이상 인구가 60%에 이른다. 농촌의 이러한 고령화는 지역사회 붕괴 등 국가 전체적으로 심각한 문제를 일으킬 수 있다. 농촌 지역사회의 붕괴는 농촌만의 문제가 아니라 국가의 대재앙이다. 그래서 도시 청년 일자리 못지않게 농촌 노인들 일자리의 중요성도 거론돼야 한다.

노인에게 일거리는 건강 유지에 긍정적인 작용을 한다. 힘든 일은 노동이지만 적당한 일은 삶에 활력을 준다. 일거리는 행복의 조건이기도 하다. 철학자 칸트는 행복의 첫째 조건으로 "할 일이 있어야 한다"고 했다. 일본의 농협

운동가이자 유기농업 운동가인 이치라쿠 데라오(一樂照雄) 씨는 "어린이에게는 자연을, 노인에게는 일자리를"이라는 유명한 말을 남겼다. 나라의 장래를 위해 어린이에게 아름다운 자연환경을 물려주는 것만큼 노인에게 일자리를 제공하는 것도 중요하다는 것이다. '내 일(事)이 없는 것은 내일(來日)이 없는 것과 같다'는 말도 있다.

노인의 적당한 일거리는 건강수명을 연장시킨다. 행복한 삶은 오래 사는 것이 아니라 건강하게 오래 사는 것이다. 우리 국민의 평균수명은 81세로 일본과 비슷하다. 하지만 아프지 않고 건강하게 살 수 있는 건강수명은 우리가 66세인데 일본은 76세이다. 지병을 갖고 사는 기간이 우리는 15년이고 일본은 5년이다. 이 10년의 차이를 메우는 것은 대단히 중요하다. 해결의 열쇠는 노인에게 적당한 일자리를 제공해 경제활동을 할 수 있게 하는 것이다. 그러면 노년의 건강수명이 연장되고 치매 예방도 가능하다. 노인의 경제활동으로 건강수명이 연장되면 노인 의료복지 비용이 절약되므로 이는 그 가정의 문제 해결뿐만 아니라 국가 재정의 건전화를 이루는 데도 도움이 된다.

그러면 이렇게 중요한 노인 일자리를 어떻게 만들 것인가?

요즘 전국 5백여 지역에서 농산물 직매장 운영이 활발해지고 있다. 자기가 생산한 농산물이 팔리는 것을 확인한 농민들은 대단한 자부심을 느끼고 정신건강 면에서도 중요한 효과가 있는 것으로 알려지고 있다. 농촌의 노인들은 평생 농사일을 했다. 그래서 철따라 어떤 작물의 씨를 뿌리고 어떻게 가꿀 것인지 기본적인 것은 알고 있다. 이를 조금 더 발전시켜, 농협이 그 지역에서 팔리는 농산물 중 생산 가능한 작물을 선정해 노인 대상으로 생산 지도를 하

하동 녹차밭(세계농업유산), 2019, oil on canvas, 72.7×60.6cm

고 이를 직매장에서 팔아주면 어떨까.

최근 농산물 직매장이 증설되고 있는 점은 바람직하다. 그러나 관내에서 생산한 농산물 비율이 어떻게 되는지는 궁금하다. 관외에서 생산된 농산물 판매 비중이 크다면 그만큼 지역경제 활성화나 관내 노인들의 일자리와는 관계가 적기 때문이다. 일본은 관내 조합원이 생산한 농산물의 80% 정도를 취급하는 직매장이 약 2만 개 개설돼 있고, 취급 금액이 약 20조 원에 이른다.

마을의 역사를 기록으로 남기는 것도 노인에게 적합한 일거리다. 《유토피아》를 쓴 토마스 모어는 "농촌 마을에서 삶을 영위하는 것은 인간의 특권"이라고 했다. 인도의 영웅 간디는 "나라의 독립보다 먼저 마을이 유지돼야 한다"고 했다. 이렇게 중요한 우리의 마을들이 붕괴 위기에 처해 있다. 이러한 마을의 역사와 전설 등을 도시의 청년들과 마을의 노인들이 참여해 기록으로 남기는 사업을 국가 보조 사업으로 진행해야 한다. 노인들의 체험담, 선대로부터 들은 이야기 등을 토대로 만든 마을 역사 기록물은 후손에게 소중한 역사와 문화 자료가 될 것으로 믿는다. 도시 청년과 농촌마을 주민에게는 자부심을 심어주고, 일자리 창출 효과도 거둘 수 있을 것이다.

전국 3만 6천 개의 마을 중 산간 지역인 1만 개의 마을에서 두 농가씩 양봉(養蜂)을 한다면 2만 개의 일자리 창출이 가능하다. 자연 생태계는 벌이 있어야 유지된다. 식량작물의 70% 정도가 벌의 수정 작업으로 생산된다고 한다. 하지만 뚜렷한 원인도 모른 채 우리 주변에서 벌의 개체수가 감소하고 있는 점은 지구환경의 위기 신호다. 양봉 경험이 없는 농가를 위해서는 농업기술센터의 기술 지도가 필요할 것이다. 양봉을 통해 농가소득을 높이고 자연 생태계 보전도 도모할 수 있다.

유엔이 설정한 '지속가능한 발전목표(SDGs)' 17가지 중에 '지속가능한 농업 진흥'과 '모든 연령층의 건강한 삶 보장'이 포함되어 있다. 지구환경 보전과 지속가능한 발전목표를 이행하기 위해서는 농촌 고령자의 일자리 문제도 심각하게 논의돼야 마땅하다.

음다흥(飮茶興) 음주망(飮酒亡)

◆ ◆ ◆

우리나라의 커피 시장 규모가 연간 8조 원이라고 한다. 반면에 225만 농가가 생산하는 쌀 시장규모는 약 7조 원이다. 전국이 커피 열풍이다. 성인 1인당 연간 5백 잔을 마신다. 세계 각국의 커피 소비량 중 한국이 6위다. 쌀밥 김치보다 더 많이 소비한다.

반면에 우리의 전통 차 소비는 미미하다. 1천 년 전부터 조상들이 즐겨온 차(茶) 문화는 왜 이렇게 쇠퇴했는지? 항상 궁금해오던 중 농업유산을 주제로 그림 작업을 하다 보니 우리의 전통차 문화를 다소 이해하게 되고 이에 대한 의문점이 생겨났다. 이에 한국과 일본의 자료를 뒤적이면서 한민족의 차 문화를 정리해본다.

사람들이 차를 처음으로 마셨다는 설은 기원전 2,700년경으로 거슬러 올라간다. 중국의 다성(茶聖)으로 추앙받는 삼황오제(三皇五帝) 중 한 사람인 신농씨(神農氏)가 뜻하지 않은 과정을 통해 차를 발견하게 되었다는 설이 있다.

신농씨가 부엌에서 마실 물을 끓이고 있는데 땔감으로 사용했던 나무의 잎이 바람에 날려 뚜껑이 열린 주전자 속으로 들어갔다. 마침 그 물을 마신 황제는 향기에 홀린 나머지 그때부터 그것만 마시기를 고집했고, 이 일로 차 마시는 풍습이 성행했다는 것이다.

정사(正史)에 나타난 최초의 차 관련 기록은 고려시대 김부식(金富軾, 1075~1151년)이 인종 23년(1145년)에 편찬한《삼국사기》에서 찾아볼 수 있다.《삼국사기》에 의하면 7세기 초 신라 선덕여왕(?~647년) 때부터 차를 마시기 시작했다고 한다. 또 이 기록에는 흥덕왕 3년(828년) 중국 당나라에 사신으로 간 김대렴(金大廉)이 귀국길에 그곳에서 차나무 씨를 가져와 왕명으로 지리산의 화엄사 입구 장죽전에 심었다고 한다. 그때부터 차 마시는 풍속이 성행한 것으로 전해진다.

그러나 하동 쌍계사(雙溪寺) 인근이 차의 시배지라는 주장도 설득력을 얻고 있는 것이 사실이다. 그래서 전국의 차인들은 1981년 이곳에 '대렴공(大廉公) 차시배추모비'를 건립했고 이를 기념하기 위해 신차가 나오는 5월 25일을 차의 날로 정하는 한편 성대한 차 문화행사를 전국적으로 열고 있다.

한편 백제에 불교를 처음 전한 마라난타(摩羅難陀)가 영광 불갑사와 나주 불회사(佛會寺)를 세울 때(384년) 이곳에 차나무를 심었다는 설이 있으며, 인도 승려 연기(緣起)가 구례 화엄사를 세울 때(544년) 차 씨앗을 지리산에 심었다는 화엄사 측의 전설도 있다.

일설에는 일본의 긴메이(欽明) 천황시대(539~571년)에 백제의 성왕(聖王, 523~554년)이 남혜화상 등 열여섯 명의 스님에게 불구(佛具)와 차(茶), 향(香) 등을 보냈다고 전해진다.

이 같은 여러 기록들을 통해서 차는 우리 민족사와 함께 발전해온 역사 깊은 전통음료임을 알 수 있다. 또 우리가 일본에 차를 전해준 것도 확인할 수 있다. 우리나라의 차 문화가 중국보다 먼저 시작되었다는 기록들도 곳곳에 있다. 그 예로 중국 차 문화의 개조(開祖)인 육우(陸羽)의《다경(茶經)》에 세계 최초의 차인은 신농씨라고 했는데, 신농씨는 우리의 옛 조상인 동이족(東夷族)임을 볼 때, 세계 최초의 차인도 우리 민족임을 유추할 수 있다.

그런데 그렇게 성행했던 차 문화가 지금은 왜 이토록 쇠퇴하게 되었는지 이해할 수가 없다.

조선시대는 숭유억불(崇儒抑佛) 정책으로 불교가 쇠퇴하고, 그 여파로 사찰 중심의 차 문화도 고려시대에 비해 상대적으로 약해졌다. 하지만 왕실이나 선비, 귀족층에서는 차 생활이 일시적으로 성행했다고 한다. 그러나 의례에서 차를 쓰는 횟수가 점차 줄어들고, 차 대신 술이 쓰이게 된다. 다시(茶時, 사헌부에서 차를 마시는 행사)와 다례(茶禮, 궁중에서 하는 제사)라고 하면서 차 대신 술을 쓰게 되었다. 일본에서 사신이 오면 다례강좌와 다례문답을 통해 차 문화를 일본 글과 말로 가르치기도 했다.

그러나 무엇보다 차 생활 쇠퇴의 가장 큰 이유는 차 생산지에 강요되는 많은 세금 부과로 여유가 없어졌다는 점이다. 그래서 임진왜란 이후에 차를 즐겨 마시며 공양물로 차를 애용했던 사원에서까지 부처님께 올리는 공양차를 냉수로 대신할 정도로 국가와 사원, 백성들의 살림이 어려워져 차를 계속해서 마실 수 없게 되었다. 이렇게 차 문화의 명맥이 끊어져가던 중 다행히 남쪽의 사원에서는 차 마시는 풍습이 계속되었고, 19세기 들어 다시 차가 성행하게 되는 계기가 되었다.

당시 차를 중흥시킨 사람이 다산 정약용(丁若鏞, 1762~836년) 선생이다. 다산은 강진에서의 유배생활 중 차를 즐기기 시작해 "차를 마시는 민족은 흥하고 술을 마시는 민족은 망한다(飮茶興飮酒亡)"고 하면서 스스로 호를 '다산(茶山)'이라고 정하고 차와 관련한 많은 명시를 남겼다. 그는 유배지 강진을 떠나기 전에 제자들과 다신계(茶信契)를 조직했다. 다산 선생의 이같은 움직임은 일본인들이 들어와 한국인을 계몽한다면서 전국을 순회하며 차 생산과 음용을 권장했다는 기록에 남아 있다.

일본이 우리의 차 문화를 조사하고 차 생산을 권장한 것은 그들의 군국주의 실천의 일환이었다는 설도 있다. 일본인 모로오카 다모쓰(諸岡存, 정신과 의사)가 한반도 남쪽의 차 생산 현황을 조사해서 쓴 책《차와 문화》와 이에이리 가즈오(家入一雄, 전남도청, 산림공무원)와 모로오카가 공동 저술한 책《조선의 차와 선》을 보면 차가 조선 사람을 위한 것이 아니라 중일(中日) 전쟁에 절대 필요한 식품이었다는 것이다. 그래서 이 책의 서문을 그 당시 조선총독 우가키 가즈시게(宇垣一成, 육군 대장)가 쓰고 상공대신은 이 책이 일본 국책상의 지침이라고 칭송하고 있다. 일본군이 가장 자랑하는 야간 습격이나 중국 북방 외진 지역에서 추위와 과로에 시달릴 때 차 음료는 소생의 명약이었다고 한다.

우리의 차 문화와 실학은 매우 깊은 연관성이 있다. 다산 선생에 의해 발달한 실학(實學)은 18세기 전반에서 19세기 전반에 이르는 시기에 서울과 경기 지역을 중심으로 등장한 한국 유학의 새로운 학풍을 말한다. 실학이 태동한 시기는 서양 세력이 동양으로 진출하는 이른바 서세동점(西勢東漸)의 세계사적 전환기였고, 임진왜란과 병자호란이라는 양란으로 국토가 황폐화되던 시기였다. 이러한 대내외적 어려움 속에서도 농업 생산력이 점차 회복되고 도시를 중심으로 새로운 상업이 발달하여 변화된 시대 상황에 맞는 새로운 이념이 요구되었다. 당시 학문 세계는 '사장학(詞章學)'이나 '예학(禮學)'이 발달하여 백성들의 생활과는 동떨어진 경향이 강하였다. 이에 대한 반성의 일환으로 등장한 실학은 '실용(實用)'을 중시하는 학풍을 띠었고 고대 유교 경전을 연구하여 국가의 전반적인 개혁에 도움이 되고자 한 학문이었다.

실학은 '개혁'과 '개방'을 요구하는 시대적 요청에 부응한 학문이었다. 소중화주의(小中華主義)라는 낡은 시대의 자폐적인 정신 상황을 반성하는 한편, 국가의 총체적 개혁을 도모하는 것을 학문의 사명으로 삼았다. 17세기 중엽 명청(明淸) 교체에 따른 화이(華夷) 질서의 해체가 그 신호탄이었다. 병자호란 후, 조선은 강대국인 청나라에 대해 겉으로는 사대외교(事大外交)를 할 수밖에 없었지만, 속으로는 야만국 오랑캐[夷]로 여기며 중화의 주인으로 인정하지 않았다.

18세기에 들어와 이러한 생각들이 점차 변화하여 "충실한 예(禮)의 질서를 이루면 어느 나라나 중화(中華)가 될 수 있다"고 한 성호(星湖) 이익(李瀷, 1681~1763년)의 말처럼 중화주의에서 벗어난 생각들이 조금씩 나오기 시작하였다. "조선은 조선일 뿐"이라는 이익의 생각은 중국 중심에서 벗어난, 조선 문화의 독자적 가치에 대한 자각이기도 했다. 이어서 청은 결코 오랑캐가 아니며 오히려 훌륭한 문명사회를 이루고 있으므로 청의 문화를 적극적으로 배워야 한다는 논의가 18세기 후반 서울의 진보적인 지식인 사이에서 일어나기 시작하였다. 북학(北學)의 선두주자였던 담헌(湛軒) 홍대용(洪大容)이 "화와 이는 마찬가지다(華夷一也)"라면서 금기에 가까웠던 화이론(華夷論)을 흔들어놓았다.

다산 정약용은 《경세유표(經世遺表)》에서 "법과 제도를 고치는 것은 현자(賢者)가 해야 할 일로서, 시대 흐름에 따라 제도가 변화돼야 함은 세상의 도리이자 이치"라고 하였다. 이어서 그는 "임진왜란 이후 온갖 법도(法度)가 무너지고 모든 일이 어수선하여 털끝 하나도 문제 아닌 것이 없으니, 지금이라도 바꾸지 않으면 반드시 나라가 망하고야 말 것이다"라고 하여 정부의 과단

성 있는 개혁 조치를 강력히 요구하였다.

국가 개혁을 향한 정약용의 욕망은 반계(磻溪) 유형원(柳馨遠)의 정신을 이어받은 것이었다. 국가의 제도를 바꾸는 것이 벼슬아치들만의 전유물은 아니라는 것이 그의 생각이었다. "반계 유형원이 법을 고치자고 논의했어도 죄를 받지 않았고, 그의 글도《반계수록(磻溪隨錄)》이란 이름으로 나라 안에 간행되었으니 다만 이용되지 않았을 뿐이었으며, 그가 말한 것은 죄가 되지 않았다"고 하면서 비록 현직에 있는 관리가 아니더라도 충신과 지사라면 팔짱만 끼고 수수방관만 할 수 없다는 것이 정약용의 확고한 가치관이었다.

나라가 시끄럽다. 좌와 우가 극단적으로 갈려서 사생결단을 내려는 듯 시위를 하여 혼란스럽다. 중동 지역과 미국, 중국의 대결, 남북한 대치 상황 등도 불안감을 키운다.

혼란의 시대에 다산 선생의 실학 정신을 이어받고 차 문화를 복원하는 것이 우리 현대인들이 해야 할 일이라는 생각이 든다. 음다흥(飮茶興)이고, 음주망(飮酒亡)이다.

유기농업과 농업 6차 산업화

◆◆◆

요즘 소비자들은 안전한 식품, 건강에 좋은 식품을 찾는 경향이 강하다. 특히 수입 농산물이 범람하면서 소비자들의 식품 안전성에 대한 관심은 극에 달한 느낌이다.

그래서 농업과 관련해 '6차 산업화'와 '로컬푸드'라는 말이 자주 입에 오르내린다. 관련법이 제정되고 국가의 지원제도도 마련되었다고 한다. 6차 산업화나 로컬푸드는 농업과 농촌의 여건이 급변하고 어려움이 가중되고 있는 상황에서 돌파구를 마련하기 위한 하나의 대안으로 추진되고 있는 듯하다.

환경 변화에 대응해서 새로운 대책을 마련하는 것은 물론 중요하다. 하지만 필요성 때문에 너무 성급하게 추진하다가는 부작용을 피할 수 없다. 농업의 6차 산업화와 로컬푸드를 성공적으로 추진하고 정착시키기 위해서는 어떤 것들이 전제돼야 할까.

우선, 농업인의 인식이 중요하다

농업의 6차 산업화가 농업과 농촌을 위해 중요하다면 무엇보다 이를 수용하는 농업인의 자립 의지가 갖춰져 있어야 하는 것이다.

농협이 최근 설문조사한 결과를 보면 농업인들은 자금 지원을 가장 중요시하고 있다. 자금만 지원되면 6차 산업화든 로컬푸드든 다 성공할 수 있는 것인가? 오랫동안의 농정사를 보면 정부가 자금을 지원해서 성공한 사례는 안타깝지만 그렇게 많지 않다. 박하 · 고구마 가공, 농촌 관광농장, 농기계 반값 공급, 농업 구조개선 사업, 파머스마켓 등 여러 지원 정책이 실패했다.

살겠다는 의지가 강한 환자는 죽을병도 낫지만 삶에 대한 의지가 약한 환자는 백약이 무효라고 한다. 새마을운동이 성공적으로 이뤄질 수 있었던 것도 농민의 자립 의지가 크게 작용했기 때문 아니겠는가. 농업의 6차 산업화와 로컬푸드 사업 역시 보조금을 논하기에 앞서 농업인들이 자립 의지를 갖고 자발적으로 참여해야 성공 확률이 높아진다.

농업인의 자립 의지를 높이기 위해서는 로컬푸드 매장이나 농가식당에서 판매 또는 가공하는 농산물이 지역 내에서 생산된 것이어야 한다. 그래야 농업인들의 참여가 확대되고, 팔고 싶은 농산물이 아닌 팔리는 농산물을 생산하게 되며, 6차 산업화와도 쉽게 연결된다.

두 번째는, 목적이 분명해야 한다

농업의 6차 산업화도, 유기농 로컬푸드 직매장 운영도 농촌지역 노인과 부녀자의 일자리 창출, 그리고 건강수명 연장을 목표로 해야 한다.

인간은 일을 함으로써 성취감을 느낄 수 있다. 삶의 보람을 느낄 수도 있다. 제업즉수행(諸業卽修行)이다. 일은 도를 닦는 것과 같다. 즉, 일이 복지라는 뜻이다. 농촌의 고령자와 부녀자에게 일자리를 제공하는 것은 기초연금을 지급하는 것보다 더 좋은 복지다.

세 번째로, 애향심 강한 지도자가 필요하다

국가나 지역사회에는 강한 애정과 희생정신을 가진 지도자가 존재한다. 우리 농촌사회도 사명감을 가진 지도자가 필요하다.

시대를 변화시키는 지도자는 미래를 내다보는 식견이 있다. 새마을운동도

구례 산수유마을(국가중요농업유산), 2019, oil on canvas, 72.7×60.6cm

지도자 양성부터 시작했다. 그래서 성공할 수 있었다고 본다. 유기농업도, 로컬푸드도, 농업의 6차 산업화도 정부의 의욕과 자금 지원만으로는 성공할 수 없다. 지도자가 있는 지역은 인구 유입도 늘고 소득도 올라서 살기 좋은 사회가 된다.

네 번째는, 영농지도 등 교육이 함께 이뤄져야 한다

우리의 유통구조는 전국 곳곳에서 생산된 농산물이 대도시 도매시장에 집중했다가 다시 지방으로 내려가는 구조다. 그래서 지방의 직매장이 구색을 갖추기는 여간 어렵지 않은 것이 현실이다. 그런데 로컬푸드 매장의 경우 운영 핵심은 안전하고 신선한 농산물을 소비자가 구입할 수 있게 한다는 점이다.

다른 지역에서 생산된 농산물을 장거리 수송해서 구색을 갖추고 대량으로 파는 것이 목적이라면 기존의 유통매장과 차이가 없다.

시작 단계에서는 지역 농산물의 비율이 높지 않더라도, 생산자 대상 영농지도를 통해 팔리는 농산물 중 지역에서 생산한 농산물 비율을 점진적으로 높여나가야 한다. 그래야 농가소득 증대와 농민의 건강수명 연장, 지역경제 활성화도 가능하다. 식량자급률 향상도 가능하다. 직매장 사업의 성공은 일석사조다. 우리 농정의 핵심이 돼야 하는 이유다.

마지막으로, 유기농산물에 대한 인식의 변화가 필요하다

유기농산물은 비싸다는 인식이 바뀌어야 한다. 상호교류를 통해 생산자와 소비자가 서로 이해할 수 있어야 한다. 나의 건강을 지켜주는 농산물을 생산하는 농민의 삶이 유지될 수 있어야 함을 인식하는 소비자가 되어야 한다. 생산자도 최대한 저렴하게 생산하고 믿을 수 있는 유기농산물을 생산해야 한다. 상호 신뢰가 가장 중요하다는 점이다.

지금 잘 팔리고 있는 농산물이 앞으로도 계속 잘 팔린다는 보장은 없다. 소비자는 끊임없이 새로운 식자재와 맛있는 것, 건강에 좋은 것을 원한다. 여기에 부응하지 못하면 고객이 뜸해지고 폐업까지 이른다. 이를 방지하기 위해서는 소비자의 취향에 맞는 새로운 농산물과 가공제품을 선보여야 한다. 이를 찾는 지도자의 노력이 중요하다.

농업은 단순한 비교우위로 판단할 문제가 아니다. 농업이 있는 나라는 품격이 높은 나라라는 생각으로 생산자와 소비자의 인식 변화가 필요한 시점이다.

구례 다랑이논, 2018, oil on canvas, 72.7×60.6cm

제 4 장

신토불이와 윤리소비 그리고 농산촌유토피아

로컬푸드와 신토불이 그리고 지산지소

◆◆◆

"로컬푸드가 뭐랑가? 뭔 새로 나온 식칼 이름이랑가? 아니면 맛있는 칼국수 이름인가? 듣도 보도 못한 괴상한 말을 붙여놓고 농사지어서 갖고 오라고 하는디 당최 알 수가 있어야지?"

10여 년 전 전북 완주에서 본격적으로 쓰이기 시작한 로컬푸드라는 명칭을 두고 2019년 내 고향 영암사람들이 농협의 로컬푸드 직매장 앞에서 주고받은 말이다. 현재 로컬푸드라는 동일한 이름과 디자인으로 전국에 500여 점포가 영업 중이고, 농협은 앞으로 1,200개 점포를 오픈할 계획이다.

로컬푸드는 제한된 지리적 영역에서 생산 · 유통되는 시스템, 즉 소비자에게 지역 농산물을 직접 판매하는 것을 말한다. 가장 중요한 것은 지역 식품 시스템이 농식품 판매 시점에서 농장과 소비자를 연결하는 것이다.

요즘 소비자의 건강 및 상품의 직거래 지향과 맞물려, 안전한 농산물을 지역 내에서 생산하고 직거래하는 경향이 두드러지고 있다. 이는 소비자 입장에서 볼 때 안전한 농산물을 확인하고 구입하는 것이 가능하며, 생산자인 농민으로서도 소비자에게 신선하고 안전한 제철 농산물을 공급한다는 장점이 있다.

로컬푸드는 이처럼 생산자와 소비자 모두에게 직접적인 장점이 있을 뿐만 아니라, 지역사회 활성화와 국가경제의 건전한 발전을 위해서도 중요한 역할을 할 수 있다. 더욱이 지구촌 전체의 환경오염이 문제가 되는 가운데 지구촌의 환경유지와 지속가능한 발전을 위해서도 중요하다. 유엔이 추진하는 지구촌의 '지속가능한 발전목표(SDGs)'를 달성하는 수단이다.

농협은 1990년대 초 농산물 수입개방 시대를 맞이해서 신토불이 운동을 시작했다. 전국 곳곳에 신토불이(身土不二)라는 한자 플래카드와 초대형 현수막이 내걸렸다. 신토불이 노래도 유행했다. 많은 사람들로부터 그 뜻에 대한 질문도 쏟아졌다. 신토불이 운동은 밖으로 향했던 농산물 수입개방 반대 운동을 내부로 돌려, 우리 땅에서 생산한 농산물을 먹는 것이 건강에도 좋다는 논리를 기저에 깔고 있다. 이것이 국민감정에 어필해서 전 국민의 공감을

신토불이 오케스트라단, 2017, oil on canvas, 50×60cm

얻은 것이 사실이다. 그 후 신토불이라는 개념은 여기저기서 과학적으로도 증명되고 있다.

일본의 한 의사는 농업과 건강밥상을 알아야 진정한 명의가 될 수 있다고 주장한다. 많은 현대인을 괴롭히는 고혈압, 당뇨병, 암, 심장질환 등은 생활습관병이라고 한다. 잘못된 식생활 등 기존 생활습관을 고치면 이들 질병이 물러가게 된다. 농업과 농산물에 대해 잘 알고 건강밥상을 차리는 일은 그래서 중요하다.

많은 일본인들은 불교 서적에서 용어를 차용해 조합한 신토불이를 한국에 선점당했다며 애석해한다. 우리나라에서 신토불이 운동이 전개되기 전인 1980년대 후반 필자는 일본에 근무하고 있었는데, 당시 일본 서적에 신토불이라는 말이 쓰이고 있었고 일부 농장에서도 포장박스에 신토불이를 표기하는 경우가 더러 있었다. 하지만 한국의 권위 있는 단체인 농협에서 신토불이를 공식 캐치프레이즈로 선정하고 대중화했으니 그들로서는 아쉬울 만도 할 것이다.

그러던 중 일본의 동북쪽 아키타(秋田)현의 공무원이 지산지소(地産地消)라는 새로운 용어를 만들어 소비자에게 호소했다. 일본 정부는 이를 받아들여 수입개방 대책으로 활용했고, 중앙정부와 지방자치단체 모두가 지산지소 조직을 만들어 일관되게 추진하고 있다.

지산지소의 구체적인 실현 수단의 하나로 농산물 직매장 운영이 시작되었다. 일본 농림성에는 지금도 지산지소를 추진하는 과 조직이 있다. 직매장의 명칭은 그 지역의 전통문화나 특성을 표현하는 경우가 대부분이고 전국적으로 통일된 명칭과 디자인은 볼 수 없었다.

우리는 어떤가? 전국 모든 로컬푸드 직매장이 마치 체인점인 것처럼 매장 디자인과 로고가 같다. 이렇게 통일된 명칭과 통일된 디자인으로 전국에 운영된다면 리스크가 발생할 염려도 있다. 어떤 한 점포에서 안전성의 문제가 발생했을 경우 전국의 모든 점포에 악영향을 미칠 수도 있기 때문이다.

미국에서 1970년대부터 파머스마켓(농민시장)의 형태로 로컬푸드 소비가 확대됐다. 미국은 국토가 광대하므로 로컬의 개념이 어울릴 수도 있다. 우리는 2008년 완주군이 일본 오야마농협에서 '고노하나가르텐(전설 속 여인 이름)'이라는 이름으로 농산물 직매장을 운영하는 것을 보고 일본인 조합장의 협력을 받아 로컬푸드라는 명칭으로 농산물 직매장을 시작했다.

국민의 밥상 건강 책임지는 농산물 직매장

농산물 직매장 운영의 효과는 매우 다양하다. 먼저 소비자의 건강을 전반적으로 잘 지탱해주는 역할을 할 수 있다. 왜냐하면 농산물 직매장이야말로 신선한 제철 농산물을 연중 만날 수 있는 최적의 장소이기 때문이다. 성인병의 상당 부분이 잘못된 식품과 식습관에서 비롯됨을 볼 때 로컬푸드나 신토불이의 식이철학을 바탕으로 한 직매장은 '메디컬 푸드'의 본산 역할을 충분히 할 수 있다. 국민의 밥상 건강을 책임지게 되는 것이다.

농산물 직매장은 노인의 건강수명 연장 효과도 가져온다. 우리는 평균 수명이 81세인데 건강수명이 66세라고 한다. 그렇다면 노년기 15년은 질병을 갖고 산다는 이야기다.

의료비 부담 문제도 매우 심각하다. 우리나라의 65세 이상 인구 비율은

14%이다. 이들 고령자의 의료비는 매년 증가해서 전 국민 의료비 77조 원의 41%(31조 원)를 차지한다. 14%의 고령자가 41%의 의료비를 지출하는 구조는 점점 더 악화될 것이 확실하다. 노인 1인당 의료비가 2018년 456만 원인데 10년 후에는 760만 원으로 증가할 것으로 추정된다.

이처럼 100세 장수시대에 노인의 의료비 부담 문제는 국가경제에 큰 부담이 될 수도 있다. 농산물 직매장의 활성화로 고령자의 일자리를 창출하고 삶의 질을 향상시켜 건강수명을 연장하는 것은 국가적 과제다. 실제로 일본의 경우 직매장 운영이 활성화된 지역의 노인들은 다른 지역에 비해 건강수명이 연장되었다는 논문 발표도 있다.

우리도 농촌지역 경제 활성화와 국민의 건강수명 연장으로 국가재정의 건전성을 도모하자. 그 지름길이 로컬푸드와 신토불이 운동을 활발히 하는 것이다. 이는 또한 지역농민과 도시민이 상생하는 경제 시스템을 구축하는 길이기도 하다.

황금자본주의에서 농산촌자본주의로

◆◆◆

괴테의 시에 "마음이 바다로 나아갈 때 새로운 말은 뗏목이 된다"라는 구절이 있다. 바다를 항해하기 위해서는 새로운 말, 새로운 개념이 필요하다. 의식을 바꾸고 행동을 전환하며 생활방식을 바꿔줄 새로운 개념을 창출하는 일이 급선무인 것이다.

자본주의의 시작으로 자원 낭비는 극에 달해 지구 자체의 지속가능성이 위협받고 있다. 이제 인류는 새로운 생활방식이 요구되는 시대에 진입했다고 본다. 새로운 시대를 살아야 할 뗏목과 같은 말이 필요하다. 우리의 고정관념과 행동을 바꿔야 할 시점이다. 이러한 뗏목이 바로 신토불이적 삶이다.

과거 우루과이라운드(UR) 협상과 함께 농협을 중심으로 수입개방 반대운동과 함께 신토불이 운동이 시작됐지만, 국가경제를 논하는 정치권과 경제계는 그대로 개방을 밀어붙였다. 그 후 신토불이 운동은 시대 흐름과 함께 변천해왔다. 농민들은 안전한 식품을 국민에게 제공한다는 생각으로 품질이 우수한 농산물을 생산하고자 노력했다. 당시 농산물 유통 과정의 상인 폭리 해소와 건강한 우리 농산물 소비 증진 등을 위해 농산물 직거래 유통이 권장됐다.

신토불이 운동은 그 당시 학계에서도 관심을 보였다. 광주박물관장을 지낸 고 이을호 철학박사는 "신토불이란 곧 살아 있는 대자연과 인간과의 조화를 일깨워주는 생존법칙이다. 동시에 신토불이의 섭리는 운동이나 부르짖음이 아니고 실천이고 생활이다"라고 주장하면서 환경사상과 생명사상으로 확대했다. 이후 신토불이라는 용어는 국민들로 하여금 농산물 개방문제를 넘어 자연과 인간과의 관계에 이르기까지 인간 존재를 좀 더 근원적인 시각에서 바라보게 하는 계기가 되었다. 25년 전 신토불이 운동 초창기에 이미 실천이고 생활이라고 주장한 이을호 박사의 혜안이 빛나는 이유다.

이제는 대량생산, 대량소비로 인한 기후변화와 환경문제를 고려하면서 먹거리의 지속가능성을 위해 인류의 삶 자체의 변화가 요구되는 시대가 되었다. 작지만 오스트리아, 덴마크, 일본의 마니와(眞庭)시와 아야베(陵部)시 등 지역에 따라 이런 시도가 행해지고 있는 곳도 있다.

어느 나라나 농산촌 주민들은 어느 정도 먹거리도, 에너지도 자급자족하며 살 수 있다. 자연 속에서 안전한 식품과 땔감 등을 스스로 마련하면서 재능을 기부하고 지구환경도 생각하는 마을 공동체적 삶이 요구되는 시점이다. 단순히 농산물 수입개방 반대 운동으로 시작했던 신토불이 운동을, 지구와 지역사회를 살리는 라이프 스타일 개선의 시대적 운동으로 전환해 지속적으로 발전시켜야 한다. 바로 21세기의 출발점에서 새로운 시대를 선도하는 뗏목이 신토불이적 삶인 것이다.

자연과 인간의 삶이 어떠해야 하는가는 힌두교 경전에도 있다. 힌두교 경전에 인생 4주기가 있다. 태어나서 25세까지의 학생기(學生期)는 인생의 봄이다. 학문과 예절을 배우고 신체를 단련하는 시기다. 26~50세까지의 가주기(家住期)는 인생의 여름이다. 직장을 갖고 결혼해 자식을 키우고 사회에 공헌해야 할 시기다. 51~75세까지의 임주기(林住期)는 인생의 가을이다. 자기를 마주 대하며 삶의 의미를 생각하는 시기다. 76세 이후는 유행기(流行期)로 인생의 겨울에 해당한다. 조용히 순례하면서 죽음을 맞이하는 시기다.

그러나 이제 인생 백세 시대라고 하지 않는가? "전해라" 하고 노래만 부르지 말고 100세 시대를 의미 있는 인생이 되도록 준비해야 한다. 준비 없는 삶은 낭비다. 소중한 인생을 그냥 낭비할 것인가? 이제 백세 시대의 임주기는 51세부터 90세까지 40년이라고 생각한다. 매일 산에 오르면서 살 것인가, 아니면 골프와 해외여행 하면서 살 것인가. 인간의 재능은 노력 여하에 따라 항상 개발된다. 시간 때우기가 아니고 그 방면의 전문가가 된다는 생각으로 도전하면 훌륭한 업적을 만들 수 있는 황금 같은 시기가 임주기다. 임주기를 농촌에서 의미 있게 보내자. 임주기 사람들의 재능과 네트워크, 인맥, 경험을 바탕으로 크게는 지구환경을 생각하고 작게는 바로 앞의 농촌과 환경문제를 생각하는 신토불이적 삶에 도전할 수 있기를 기대한다.

우리나라는 65세 이상 인구가 2050년이면 세계 2위라고 한다. 지금도 65세 이상이 약 14%는 된다. 이들이 아파서 사는 것은 국가에 엄청난 재정 부담이 된다. 이를 해결하기 위해서는 노인에게 일자리가 제공돼야 한다. 농산물 직매장이 활성화되면 가벼운 텃밭농사로 안전한 농산물을 생산해 소득을 올릴 수 있고 건강수명도 연장된다. 건강수명 연장은 우리의 후손을 위해서도 중요하다.

세계 곳곳에서 황금자본주의의 모순점이 나타나고 있다. 마르크스의 자본론을 공부한 학생이 산촌에 들어와 빵가게를 오픈, 히트를 치고 있는 곳도 있다. 황금자본주의 백업 시스템으로 농산촌자본주의가 각광받을 시대가 오고 있다. 이를 위해 신토불이 박물관을 만들어 왜 신토불이 삶이 필요한지 등 자료를 제공하는 단체가 나오기를 희망한다.

21세기의 라이프 스타일은 너도 살고, 나도 사는 신토불이적 삶이다. 이는 지구촌의 지속가능한 삶을 위해 중요하다. 바로 신토불이적 삶이 유엔이 선언한 SDGs를 실천하는 삶이다.

opinion

연대와 공존의 농산촌유토피아 만들자

글 · 이금동(일본 규슈(九州)대학 상근강사)

현대의 도시 가정은 집안에 장기간의 생존에 필요한 식재료를 보관해두지 않는다. 배후에 식재료 공급지나 공급 통로가 있기 때문이다. 코로나19로 인한 봉쇄는 농업이 지역 내에 식량을 공급하고 있음을 재인식시켜 주었다.

2020년 3월, 코로나19 팬데믹이 선언됐을 때, 세계의 식료 생산국이 자국을 우선하는 수출 제한을 실시해 국제 곡물시장이 요동치는 듯했다. 그러나 다행히 곡물 수입국에 큰 타격을 줄 정도의 커다란 변동은 없었다.

여기서 절대 간과해서는 안 되는 것은 곡물은 인류의 주식이며, 곡물 수출국은 상황 변화에 따라 언제든 수출제한을 할 수 있다는 사실이다. 국제 곡물시장이 요동치면, 국내 자급률이 낮은 국가가 가장 먼저 그 영향을 받는다.

코로나19는 중국 우한(武漢)시의 봉쇄 등에서도 나타났듯 농업의 오래된 문제, 지구촌 각 지역의 식량 안전보장, 자급률 유지 등에 관한 이슈를 재조명시키고 있다. 우리는 이 위기 국면에서 농업의 현재와 미래상을 재고하고, 위드 코로나(With corona) 시대의 농업 비전을 구축하고 실천해가야 한다.

코로나19, 글로벌화의 필연적 결과

인류는 경제적 효율성을 중시하며 활동영역을 지구 전역으로 확대시켜왔다. 글로벌리즘은 인류 역사에서 방향성을 가지고 있고, 인류가 욕망을 해결하기 위해 가장 뛰어난 시스템을 구성해온 과정이며 결과이다.

글로벌화 과정에서 인류가 지구촌 동물의 서식처를 끊임없이 침범하고 축소시켜왔다. 인류는 환경문제를 발생시키면서 동물들의 서식지를 파괴했다. 그로 인해 지구촌 종의 다양성 및 생태계 밸런스가 깨졌고, 코로나19 바이러스는 인류 생활 속으로 침투했다. 코로나19 바이러스의 출현은 어찌 보면 20세기 후반 글로벌화의 필연적 결과일 수도 있다. 팬데믹 발생 배경에는 대규모, 집중, 글로벌화라는 이 시대 문명의 설계원리가 작동하고 있다. 그리고 코로나 팬데믹은 인류의 경제활동을 잠시 자숙하게 만들었다.

2020년 3월 팬데믹 선언 후 약 반년 동안의 자숙은 지구촌 환경문제의 일부를 일시적으로 개선시켰다. 2010년대 동북아에서 커다란 문제가 되었던 미세먼지도 중국 등 각국의 경제활동의 자제로 눈에 띄게 개선됐다. 미세먼지로 뿌옇던 베이징(北京) 하늘이 2020년 여름 눈부실 정도로 청명해졌다는 보도가 상징적이다.

가까운 시일에 백신 및 치료약 등이 개발되거나 코로나19 국면이 장기화돼 위기감이 어느 정도 스러지면, 경제를 우선해야 한다는 사고가 강해질 것이다. 그리고 코로나19의 중증화 및 환자의 평균수명 단축에 관한 데이터 일반화로 위기감이 무뎌지는 속도도 가속될 것이다. 인류는 코로나19 바이러스를 인류와 공존하는 바이러스로 받아들일 것이다.

opinion

동아시아 농업의 다원적 기능 유지 중요

코로나19 국면에서 동아시아 공업국의 오래된 문제인 식량의 안전보장을 재확인해야 한다. 식량자급률과 함께 식재료의 품질에 대한 검증도 필수적이다. 수입품이 가격 면에서 뛰어날지 모르지만, 품질 보증이 전제되지 않는다면 이 또한 국민의 식생활 안전보장이 침해되는 결과를 가져온다.

동아시아 공업국, 특히 한일 양국에서는 국제적인 경쟁력을 키워드로 국내 농업의 유지 및 보호비용이 강조되는 측면이 있다. 하지만 식량의 안전보장이나 무시돼온 농업의 다원적 기능을 고려하면, 국내 농업 유지비용은 위기를 피하거나 대비하기 위한 보험이다. 값싼 수입품보다 국산이 되레 저렴하며 합리적일 수 있다.

농업의 다원적 기능은 크게 환경보전, 식량안보, 식품안전성, 경제적 기능과 주로 농촌에서 생성되는 사회적, 문화적 기능을 말한다. 자연환경이나 지역사회 유지, 전통문화와 상부상조 정신처럼 금전으로 환산하기 어려운 가치, 수자원 함양이나 토양 유지 등 금전으로 환산이 가능한 가치도 있다.

농업의 다원적 기능에 대한 고찰과 논의는 호주나 북미 지역의 농업과 규모의 경쟁에서 이길 수 없는 농업국들의 대항 논리, 인건비와 지가가 저렴한 국가와의 비교 및 존재가치, 혹은 지구촌의 한정적인 농토를 보존하는 원리 등으로 등장한다. 농업의 다원적 기능은 위드 코로나 시대 및 향후 지구촌의 농업에 대한 고찰에 중요한 시사점을 던져준다. 향후 지구촌의 농업은 코로나19가 인류에게 재확인시킨 연대와 공존, 조화 등의 중요성을 적극적으로 부각시켜야 한다.

지역 순환형 경제 공동체 구축하자

코로나19는 우리에게 지구촌 환경문제를 자각시켰고, 감염 확대를 피하기 위한 탈(脫)밀집과 거리두기를 강요하고 있다. 또 글로벌화 과정에서 자본주의의 위력으로 도시 위주로 진행되었던 집중과 효율성 추구를 벗어나 소외되거나 누락된 가치를 살펴보도록 하고 있다. 도시 중심 사회의 효율성 추구 일변도는 농촌에서 얻을 수 있는 풍요로움과 힐링 효과, 경관 유지 등의 가치나 관련 요소들을 등한시하거나 무시해왔다.

코로나19 시대는 경제적 효율성 추구에 의한 도시화, 대규모화, 집중, 글로벌화에서 벗어나 '분산' '소규모' '로컬'이 작동하는 다층의 지역 순환형 사회를 만들어가야 한다. 코로나19 시대의 농업은 효율 지상주의의 기업농 중심이 아니라, 소농끼리의 연대에 의한 공동체 형성 및 유지에 중심을 둬야 한다. 이는 글로벌화를 무시하자는 이야기가 아니고, 글로벌화 중심에서 지역농업으로 중점을 옮기자는 것이다. 이를 위해 국산 프리미엄의 발휘, 지역 농산물의 브랜드 구축, 마케팅 등에 대한 고찰도 절대적으로 필요하다.

코로나19 시대의 키워드, 연대, 공존 등을 농업 및 농촌에 적용하면, 16세기 초반에 발표돼 주목된 토머스 모어의 《유토피아》의 유지를 잇는 '농협', 근 30년 전부터 농민단체와 학자 들이 주장해 온 '농산촌자본주의', 세계적으로 소농 및 유기농업과 관련해 전개 중인 지역 지원형 농업(CSA, Community Supported Agriculture) 등이 자연스레 부각된다.

농산촌자본주의는 농산촌의 금전으로 환산 불가능한 가치와 환산 가능한 가치를 재인식하고 발굴해 도시주민과 지역주민이 최대한 활용하도록 하자는 것이다. 농산촌의 가치를 복원하고, 도시와 농촌의 노동과 생산활동을 연계하며, 함께 영위하는 생활방식을 권장하는 것이다.

농산촌의 산림자원은 인류의 긴 역사 속에 오랫동안 재생 가능한 에너지로 이용됐으나, 지구환경에 부담을 주는 화석연료의 효율성에 밀려 동아시아 선진국에서 무시됐다. 일본에서는 그로 인해 경제활동이 이뤄졌던 경제림 관리가 소홀해지고 산사태 빈발, 조수 피해 등의 다양한 문제를 일으키고 있다.

위드 코로나 시대에는 밀집된 도시의 과부하를 농산촌 지역과 연계해 해소하며, 과소화 농산촌은 도시와의 연계로 농업의 다원적 기능을 유지 보전해 가면서 지역 순환형 경제 공동체를 새로 이루거나 재생시켜야 한다는 주장이 설득력을 얻고 있다.

메뚜기의 노래, 2013, water colour on canvas, 53×41cm

농산촌유토피아 앞당기는 신토불이 운동

◆ ◆ ◆

우루과이라운드(UR) 협상이 시작될 즈음 필자는 일본에 있었다. 그때 일본은 정계와 농업계는 물론 소비자와 일반 국민들도 UR에 대해 관심이 높았다. 언론에서도 거의 매일 대서특필했다. 그런데 국내에서는 언론의 관심도 없었고 국민들도 인식하지 못한 분위기였다.

그런 가운데 농협을 중심으로 신토불이 운동이 시작되었다. 농협의 주요 건물 외벽이나 서울역 등에 초대형 현수막이 걸렸다. 이제까지 들어보지 못한 신토불이를 이야기하자 "좀 생뚱맞다" "어원이 어디냐?" "무슨 뜻이냐"는 등 일반인의 관심이 폭발적이었다. 단순히 농산물 수입개방을 반대한다는 주장이 아니라, 우리 농산물을 먹는 것이 우리의 건강을 지키는 길이라는 우회적 표현이란 사실을 알고 국민이 관심을 갖기 시작했다. 그 덕분에 국산 농산물에 대한 소비자의 긍정적 평가가 전에 없이 향상됐다. 외국산 과일을 구매할 때뿐 아니라 외국산 자동차를 구입하는 것까지도 좀 미안한 느낌을 갖게 되는 듯한 분위기였다.

그런데 요즘 우리의 소비생활은 완전히 달라졌다. 농산물도, 공산품도 외국산으로 넘쳐난다. 그 당시 우리의 열화 같은 신토불이 운동을 이웃 일본은 무척 부러워했다. 한국 국민의 1차 산업을 지키려는 전국적인 운동과 온 국민의 관심이 선망의 대상이 되었던 것이다. 그럴 즈음 일본 아키타(秋田)현의 공무원이 부랴부랴 지산지소(地産地消)라는 말을 만들어 농식품의 지역

자급 운동으로 시작했다. 지금도 농림성 내에 지산지소과가 있고 농협에서도 지산지소 운동을 지속적으로 하고 있다. 지산지소 운동의 일환으로 우리의 신토불이, 일본의 지산지소, 이탈리아의 슬로푸드, 미국의 로컬푸드 관계자들을 초청해서 국제 심포지엄을 열기도 했다. 나는 한국의 대표로 일본의 지산지소 심포지엄에 참석한 적도 있다.

그 후 일본은 지속적으로 지산지소 운동만이 아니고 신토불이도 꾸준히 조사연구 활동을 하고 있다. 일본의 이와테(岩手)현에서는 생산자, 소비자, 의사, 승려 등 95명이 농산물의 지역 내 자급운동을 하고, 지역 내 환경과 물을 지키기 위해 '신토불이 이와테'라는 조직을 만들어 30년 동안 운영해오고 있다.

후쿠오카(福岡)현에서는 2백 호의 농가가 '환경과 식수를 지키자'는 모임을 만들었다. 이들은 250ha 논에서 생산하는 유기재배 쌀을 지역 내 소비자에게 공급한다. 주민 스스로가 지역의 환경과 물을 지키기 위해서다. 생산과 소비를 지역 내에서 연결해야 주변 환경과 식수를 지킬 수 있으며 단체의 공익성을 발휘할 수 있다는 것이다.

유전자 조작 콩의 위험성을 피하기 위해 '국산 대두 트러스트' 운동도 하고 있다. 즉 10평을 한 구좌로 하여 4천 엔을 받고 회원을 모집한 뒤 가을에 6kg의 콩을 제공한다. 수입 콩보다 상당히 고가이지만 유전자 조작 콩의 위험성을 회피하기 위해서는 그렇게 할 수밖에 없다는 것이다.

시마다 마사오(島田彰夫) 영양학 교수는《신토불이를 생각한다》라는 책을 출간했다. 이 책에서 우유는 본래 북쪽의 한대 지역에서 단백질과 칼슘을 섭취하기 위한 식품이라고 소개한다. 온난한 지역에서는 콩과 녹황색 채소를 충분히 섭취하므로 우유를 다량 음용할 필요가 없다는 내용이 담겨 있다.

일본의 전국 초등학교 학력 평가에서 10여 년 동안 1등을 차지한 지역이 아키타현이다. 이 지역의 한 초등학교 교장 선생은 전교생이 아침식사로 쌀밥을 먹고 등교하도록 지도했던 점이 비결이라고 설명했다.

지구상 인종과 종교에 따라 모두 식생활이 다른 것은 그 지역의 풍토에 맞는 식품이 그들의 신체를 구성하고 있기 때문이다. 그러므로 그 지역산 식품을 먹는 것이 맞다는 주장을 하며 신토불이를 지구 규모로 생각하자는 단체도 있다.

이 외에도 '신토불이 탐구' '신토불이를 생각한다' 등 연구 자료도 있다. 생산자, 소비자 회원들이 1만 명인 '대지를 지키는 모임'은 농산물의 지역 내 자급을 전제로 1차 산업과 식수를 지키자는 운동을 지속적으로 전개하고 있다.

우리의 농업과 소비생활의 단면을 보자. 우리는 한때 온 국민의 단합된 모습으로 열화같이 일었던 신토불이를 이제는 박물관의 유물처럼 만들고 말았다. 그 결과인지 확실치는 않으나 일본은 푸드 마일지(Food mileage)가 10년 전 7천t · km에서 지금은 5천t · km로 줄었고, 같은 기간 우리는 5천t · km에서 7천t · km로 증가했다.

요즘 미세먼지와 오존 발생으로 대도시 주변의 환경문제가 국민의 관심 사항이다. 이를 해결하기 위해 노후 화력발전소 가동을 중지하고 원자력 발전 건설을 재검토하는 등 대기오염에 대한 국민의 관심이 높다. 도시 생활자의 농산물 구입 행위가 미세먼지 발생 및 자신의 건강유지와 관련 있다는 생각을 해야 한다. 그렇다면 미세먼지 발생의 원인인 푸드 마일리지 감축방안에 대해서도 국민적 관심이 필요하다.

요즘 우리 주변에 농산물 직매장이 눈에 띄게 늘었다. 지역 내에서 농민들이 생산한 소규모 농산물을 멀리 운송하지 않고 그 지역 내에서 소비하는 것은 미세먼지 발생이나 지구 온난화 방지를 위해 도움이 된다. 자연환경도 지킬 수 있다. 이는 농토피아 실현을 앞당기는 구체적 방안이 될 수도 있다.

결국은 우리의 환경과 농업 그리고 식생활을 지키는 신토불이를 생활화하는 것이 지구와 환경을 지키는 지름길이다. 21세기는 신토불이적 삶이 과거 어느 시대보다 많이 요구된다. 농산촌유토피아를 이루기 위해 신토불이 운동을 다시 시작하자.

신토불이-1천 만 국민의 소리, 2016, oil on canvas, 162×130.3cm

opinion

윤리적 소비 시대가 열린다

글 · 기타무라 다카시(北村隆, 나고야(名古屋)대 상과대 교수)

사람들의 소비생활이 변하고 있다. 우리의 일상생활이 윤리와 도덕적인 면에서 바람직한 것인지 돌아봐야 할 때다. 2020년은 장마가 역사상 유례없이 길었고 태풍 피해도 속출했다. 피해 두고 네 탓, 내 탓 공방도 치열했다. 이제는 냉정하게 살펴보고 과학적인 진단 하에 우리의 라이프 스타일에는 문제가 없었는지 살펴봐야 할 때가 되었다.

바로 환경과 지역사회를 배려한 서비스나 제품을 사용하는 소비생활을 염두에 둬야 하는 시대가 되었다. 자기가 사용하는 물건이 지역사회에 도움 되는지, 해가 되는지를 판단하고 구입 단계에서부터 신경 써야 한다는 것이다.

의류나 화장품 등 유행을 타는 업종에서는 10년 전부터 '윤리적 유행'이란 새로운 흐름도 있었다. 예를 들면 나라가 빈곤해 성노예가 되는 여성들을 구제하기 위해 아프리카 우간다 여성들을 적극 고용해서 급여를 현지 평균의 2배로 지급한다. 이들이 생산한 손가방 등을 구입하는 소비자는 사회에 공헌하는 삶을 살았다는 자부심을 갖게 되고, 노동에 참여한 우간다의 여성들은 사회의 일원으로 사는 보람을 느낄 수 있다는 것이다.

농업계에도 같은 움직임이 있다. 20년 전 신토불이를 주장했던 이유도 여기 있다. 누가, 어떤 목적으로, 어떤 환경에서 생산했는지 등의 정보를 이제는 손쉽게 인터넷으로 확인할 수 있다. 이제는 인류사회에 공헌하고 자연에 부하가 적은 상품과 농산물을 요구하는 소비자가 늘고 있다. 이처럼 지구촌의 생태환경 보호(ecology)와 지속가능성(sustainability) 두 가지 방향을 포괄하는 개념이 바로 윤리적 가치관(ethical values)이다.

독일에서는 고등학교와 대학에서 서로 경쟁심을 유발하는 교육 시스템을 야만적이라고 비판한다. 오히려 학교 교육에서는 경쟁적 교육보다 생태교육을 중요시하는 방향으로 가고 있다. 농가 중에는 윤리적 관점에서 생산하는 농가가 늘고 있다. 예를 들면 후손에게 지속가능한 환경을 물려주고 소비자에게 안전성을 보장하기 위해 농약과 비료를 사용하지 않고 생산한다. 이를 위해 꾸준히 토양학, 곤충학 전문가들과 함께 연구하고 노력한다. 생산자의 철학을 인지하는 소비자들이 생산자와 소비자가 함께 참여하는 공동 조직을 만들기도 한다.

어떤 정보이든 그것은 발신한 사람에게 반드시 돌아온다. 그래서 생산자는 윤리적 가치관을 갖고 정확한 정보를 발신해야 한다. 그렇게 계속하면 언젠가는 공감하는 사람이 생기고, 공감자가 다시 정보 발신의 기지가 되어 준다. 이처럼 생산자와 소비자가 함께 창조하는 윤리적 소비 시대가 지금부터 시작될 것으로 보인다. 코로나19로 인해 이러한 윤리적 소비 시대가 앞당겨질 것으로 예측된다.

윤리적 소비 시대에는 상품을 구입하는 것이 사회공헌이 되고 농가와 기업은 사회공헌하면서 이익을 얻을 수 있다. 지구촌 자연환경은 소비자와 농가, 기업의 공헌으로 보전할 수 있는 선순환 구조가 형성될 수 있다.

사실 윤리적 가치관은 요즘 젊은 층이 관심이 더 많다. 그들은 태어나면서부터 윤리적이라는 말이나 리사이클(재생)이라는 말을 듣고 살아왔기 때문이다. 젊은 세대가 공감하는 윤리적 사회가 되면 농업과 농산촌에도 희망이 크게 자랄 것이다.

기의 고향-월출산 춘경, 2016, oil on canvas, 72.7×53cm

opinion

코로나19 해결 열쇠는 자연 속에 있다

일본자연보호협회 7개 제안

일본자연보호협회(NACS-J)는 2020년 5월 22일 국제생물다양성의 날을 맞이해 코로나19 이후 실천할 7가지를 발표했다. 코로나19 감염증의 발생과 감염 확대 배경에는 지구촌의 기후변동, 생물다양성의 상실, 대량생산 · 대량소비의 라이프 스타일, 식량과 에너지 등의 문제가 있다. 금후 경제부흥을 위해 거액의 투자가 예상되는데 코로나19의 온상인 지금과 같은 사회로 되돌아가서는 안 된다며 '해결의 열쇠는 자연 속에 있다'고 선언하고 다음 7가지를 제안했다.

1. 코로나19에 대응한 시민의 힘을 높이자.
2. 코로나19의 혼란을 기록해 연구하고 다음 사회에서 활용하자.
3. 금후의 사회와 경제부흥은 지속가능한 사회의 발전이 되도록 한다.
4. 새로운 라이프 스타일을 만들자.
5. 에너지, 식품, 생활용품 등은 지역사회에서 조달할 수 있는 사회를 구축하자.
6. 인간과 자연의 새로운 관계를 구축하자.
7. 금후의 코로나19 위기에 전 세계가 함께 대응하는 시스템을 만들자.

생명밥상 만드는 농부는 성직자

◆◆◆

세상이 불경기라느니, 악성 바이러스가 내습했다느니 아무리 밖에서 떠들어도 농가는 날마다 논밭을 경작하고, 작물이나 자연과 마주하며 자연의 복원력을 활용한다. 고유가라든가 쌀값 하락 등 어려운 일이 닥치면 맞닥뜨려 능숙하게 극복하는 농가 차원의 실천 앞에 몇 번이나 감동했는지 모른다.

이러한 강인함이 바로 농가의 '농업력'이다. 좁은 의미로는 '자급력'이라고 해도 좋다. 농부에게는 생활 필수품을 구입하지 않고 재활용하는 검소함과 자연 복원력을 이용하는 지혜, 그리고 서로 힘을 합치는 협동정신이 있다. 물건을 구입하기 위해 돈만 버는 소비자와 달리 농가는 무엇이든 스스로 할 수 있는 힘이 있다. 그리고 그 자급력은 '마을'과 '자연'이 뒷받침한 것인 만큼 강하다.

긴 장마와 폭우, 태풍 피해, 농산물 수입개방 등 재난이 줄지어 덮쳤지만 농가는 이를 꿋꿋이 극복했다. 농업력은 생명력(식물력, 복지력, 교육력), 경제력(고용력, 소득력), 환경력(생태계 보전력, 지구환경 보전력) 등을 갖고 있다. 농업력은 결국 국력이다.

국력은 국가와 사회를 유지하는 저력이다. 농업력이 있기 때문에 지역사회가 유지되고 그 지역사회는 이를 바탕으로 중앙정부를 구성한다. 농업력의 원천은 식물의 광합성 작용에 의한 농산물 생산과 이로 인한 농가소득이다. 농업력은 인류와 지구촌 존속의 핵심이기도 하다. 이제 농업과 식량, 고향의 자연경관을 중요시하는 국가 정책이 실현돼야 한다.

역사적으로 농민들의 근면, 저축, 협동정신이 이제까지 국가를 지키고 발전시켜왔다고 본다. 한국 경제의 기적적인 발전 원동력도 바로 농업인이 갖고 있는 농업력 디엔에이(DNA)가 아닌가 생각한다.

미국은 세계 최대의 국력을 자랑하는 나라다. 그 힘은 군사력일 수도 있고 경제력일 수도 있다. 그러나 그 원천은 농업력이다. 미국과 중국이 힘겨루기 양상을 보이는 가운데 중국이 최대 강국이 될 것인지 예측하는 기사도 보인다. 그러나 중국 인구 14억을 먹여 살리기 위한 식량, 즉 농업력은 턱없이 부족한 실정이다. 반면 미국은 인구 3억 3천만 명에 농업 생산량은 중국의 4배 이상이다. 미국이 세계를 움직이는 힘의 원천도 바로 농업이다. 세계에서 곡물시장 지배력이 가장 강하기 때문이다.

농부시인 서정홍 씨는 농업이 성직(聖職)이라고 읊조린다.

산골 어르신들 평생 명함 한 장 없어도 / 하나님 부처님이 누군지 몰라도 / 자연의 순리에 따라 / 모든 이의 '밥상', '생명'을 차려드립니다 / 농부 / 이 분들이야말로 성직 중에 가장 훌륭한 성직이 아니겠습니까?

우리나라는 수도권에 전체 인구의 50%가 살고 있을 만큼 세계적으로 인구의 집중 현상이 심하다. 이를 어떻게 분산 다극화할 것인지가 국가 존립의 중요한 과제가 되고 있다. 인구의 대도시 집중이 심할수록 국가 전체의 출생률이 낮아진다는 보고도 있다. 이는 청년층이 격차사회를 몸으로 느끼고 그 폐해를 인지하기 때문이다. 즉 연소득 3천만 원 이상의 소득자 가정은 출산율이 높고, 그 미만 가정은 급격하게 떨어진다는 조사 보고서도 있다. 사회보장 제도가 잘돼 비교적 격차가 적은 스웨덴 등 북유럽 국가는 출산율이 높은 것을 볼 수 있다. 청년층에 삶의 의욕을 갖게 하는 획기적인 지원 정책이 나와야 인구 감소 사회를 방지할 수 있다.

일본에서는 청년들에게 '지역협력대'란 명칭으로 연간 4백만 엔을 지원해 농촌지역에서 일자리를 찾고 창업할 수 있도록 지원한다. 2019년 일본 오이타(大分)현 다케타(竹田)시 깊은 산골마을에서 한국인 청년 부부를 만났다. 그는 일본 정부의 지역협력대 일원으로 그 지역에서 2년간 살며 창업과 영농 지원을 해보고 그 지역에서 계속 살아도 되며 떠나도 된다고 한다.

경제의 성장보다 지속가능한 환경, 상호부조가 국가의 공통 목표가 돼야

생명을 일구는 한우가족, 2016, oil on canvas, 72.7×53cm

한다. 모든 인간은 귀소본능(歸巢本能)을 갖고 태어난다. 누구나 자기가 태어난 장소를 죽기 전에 다시 보고 싶어 한다. 죽은 뒤 고향에 묻히기를 원한다. 사후 영혼이 돌아가는 곳이 바로 고향마을이라고도 할 수 있다.

필자는 매일같이 서울 청계산 자락 농장에서 농사일을 하며 지낸다. 피곤하면 낮잠도 즐긴다. 생각나면 미래의 바람직한 도시풍경, 농촌풍경도 유화로 그려본다. 인구의 극단적인 도시 집중 문제를 그림으로 표현할 수 없을까 고민하다가 서울시청 광장을 소나무 숲으로 만들고, 국회의사당 앞 광장을 토종 작물 농장으로 표현하는 유화도 그려본다. 이런 순간과 일상이 나에게는 자연으로 돌아가는 준비를 하는 기간으로 받아들여진다. 텃밭에 '환자원(還自園)'이란 푯말도 붙였다. 자연으로 돌아가는 동산일까? 농업력이 있는 이곳이 나에게는 유토피아다.

선진국으로 가는 필요조건, 농복연대

◆◆◆

초고령화 사회가 되면서 고령 노인들의 복지에 대한 관심이 높다. 개인의 문제로 보기보다는 국가와 사회 차원에서 검토하는 경향이 보인다. 지방자치단체 중 절반이 소멸할 것이라는 조사 보고서도 있다. 인구 감소를 막으려고 아이를 낳으면 최대 3천만 원을 주는 지자체도 있다. 경기도는 모든 24세 이상 청년에게 연간 1백만 원의 청년기본소득을 준다.

이런 가운데 농업과 복지가 함께 가야 한다는 논리가 주목받고 있다. 농복연대(農福連帶)는 장애인이나 고령자가 농업에 종사할 수 있도록 국가나 지자체 또는 복지법인 등이 지원한다는 것이다. 이는 농업이 특수하게 복지력(福祉力)을 갖고 있기 때문이다. 즉 고령자나 장애인에게 생업을 제공함과 동시에 농업 분야에서는 고령화에 의한 영농인력 부족문제 해결을 기대하고 있다.

일본 농림수산성은 농업활동을 통해 장애인, 고령자 등 사회적 약자를 대상으로 돌봄, 교육, 고용 등의 서비스를 제공하는 사회적 농업 활성화를 지원한다. 특히 정신장애인 지원 사회적 농업 프로그램의 효과성을 분석하고 정신장애 분야 지역사회 통합 돌봄 정책과의 연계방안을 검토하고 있다. 즉 농업과 복지의 연대를 통해 고령화 사회의 과제를 해결하기 위한 정책개발에 착수했다.

이러한 방향은 일본 정부가 2016년 일본 전국민 총활약 계획정책으로 약자들도 최대한 사회활동에 참여할 수 있는 환경정비의 수단으로 추진되었다.

우리의 농업 분야가 안고 있는 가장 중요한 문제는 인구 감소, 고령화, 경작면적 감소 등 3가지다. 따라서 농복연대는 초고령 사회의 농업문제와 복지문제를 함께 해결하는 좋은 방안이 될 수도 있다는 생각이다. 복지 분야와 농가의 입장에서 보면 상호 얻을 수 있는 장점이 많다.

우선 복지 분야부터 살펴보자. 우리나라의 장애인 수는 260만 명이다. 1년에 3만 명씩 증가한다. 신체장애인 50%, 정신장애인 40%, 지적장애인 10% 등이다. 특히 최근에는 정신장애인 수가 급증하는 현상이다. 일본에서는 정신장애인 수가 과거 10년 동안 두 배 이상 증가했다는 보고도 있다. 일본은 전체 인구의 7.4%가 장애인이라고 한다.

우리나라도 이처럼 몸과 마음에 무언가 불안을 안고 있는 사람이 점점 늘고 있다. 그렇다면 그들을 지원하는 사회적 정책수단이 필요한 시점이다. 이미 돌봄 지원, 직업 훈련, 자립 지원 등 여러 가지 지원제도가 있으며 장애인의 취업도 증가하고 있지만 아직은 미미하다. 그래서 농업과 복지 양쪽의 문제를 해결하는 방법으로 기대되는 수단이 농복연대이다.

농가나 장애인이 농복연대 사업으로 얻을 수 있는 장점도 있다. 농민 입장에서 가장 큰 장점은 노동력을 확보할 수 있다는 점이다. 현재의 농업 분야 노동력 부족은 매우 심각하다. 특히 외국인 근로자를 많이 받아들인 지역과 농업에서는 코로나19 이후 그들이 빠져나가 심각한 상황이다. 두 번째, 장애인에게 취업 기회를 제공한다는 것은 더할 나위 없는 사회공헌 활동이다. 이렇게 사회공헌을 한다는 것은 농가 경영인의 삶의 질 향상에도 도움이 된다고 본다. 세 번째는 사람들의 교류가 증가하면서 지역 활성화로 발전할 수 있다는 점이다. 농촌은 인구가 유입되면서 바로 지역경제가 활성화된 지역이 많다. 새로운 장애인의 일손이 늘고 사람들의 교류가 증가할 가능성이 높아진다.

장애인 입장의 장점도 있다. 우선 농작업은 제조업과 달리 장애인의 작업 능력을 고려해 일거리를 만드는 것이 가능하다. 경운 작업, 제초 작업, 파종, 모종 심기, 수확, 택배 발송 업무 등 다양하다. 그래서 장애인 각자의 신체 상황과 작업 능력에 부합한 직장설계 및 작업설계를 할 수 있다. 두 번째, 자연 속에서 꽃을 보며 농작물과 함께 작업하는 것은 신체적, 정신적 안정 효과를 얻을 수 있다. 최근 일본 농림성은 농업 분야 취업 장애인들의 50%가 정신, 육체 상태가 개선되었다는 보고서를 발표했다. 식물공장의 장애인 고용도 늘고 있는데 온도, 습도 등이 쾌적한 환경이 장애인에게 매우 적합한 치유 환경이라고 한다. 세 번째, 농업은 몸을 움직이는 일이이며 아침 일찍부터 작업이 시작돼 규칙적인 생활습관을 익히게 되고, 이는 다른 일반적인 직업으로 가기 위한 훈련도 된다. 네 번째, 농작업은 주로 야외에서 해 지나가는 다른 사람과 이야기도 나누고, 이웃 밭에서 일하는 사람과 사이좋게 교류도 하는 등 사회성을 길러서 지역사회 참여의 접점이 될 수도 있다.

농복연대는 다양한 사회문제의 해결을 위한 계기가 되지만 예측하지 못한 문제에 봉착할 수도 있다. 장애인의 상처나 사고가 발생할 수도 있는 것이다. 이런 업무를 지도해주는 지도자 부족 문제도 있다. 그래서 관련 분야의 많은 사람들이 힘을 합하기 위한 연대가 필요하다. 농가나 장애인 당사자만이 아니고 국가, 지자체, 복지법인, 지역주민 등의 협력이 중요하다. 우리 모두에게 불가피하게 다가오는 초고령화 사회를 살기 좋은 사회로 만들기 위한 중요한 방향임을 상호 인식하는 분위기 조성이 필요하다.

현대 사회의 극단적인 양극화로 전 국민의 10%가 좌절감을 느낀다면 이는 국가 차원에서도 큰 부담이 될 수도 있다. 이제 농업이 갖는 복지력을 적극적으로 평가해야 한다. 농업의 복지력을 활용한 농복연대는 선진국으로 안착하는 필요조건이라고도 할 수 있다.

opinion

코로나19와 일본 농업의 진화 움직임

글 · 고마츠 고이치(小松光一, 전 일본 호세이(法政)대 사회교육과 교수)

나는 2020년 2월 말에 태국에서 일본으로 귀국했다. 귀국 전날 밤 갑자기 방콕의 상점들이 모두 문을 닫아 음식점을 이용할 수 없었다. 귀국 후 돌아보니 일본에서도 코로나19 감염 확대 대응으로 우왕좌왕하고 있었다.

자기결정과 국가에 의한 동원령

신종 코로나 바이러스 문제는 몇 번이나 인류가 체험해온 감염의 문제다. 일본 정부는 결국 제대로 된 대책을 마련하지 못하고 과거 페스트 시대의 방식으로 대응했다. 마스크를 쓰고 소독을 하고 각자 밀접한 접촉을 하지 않는다고만 했다. 한국에서는 과거의 경험에서 배워 재빨리 중합효소 연쇄반응(PCR) 검사를 대규모로 실시, 차례차례 클러스터를 무너트려 갔다고 보도되고 있었다.

우리가 직면한 것은 신종 코로나 바이러스에 어떻게 대응하는가 하는 문제였다. 바이러스란 무엇인지, 무엇이 문제인지, 거기에서 자기결정이 나오게 된다. 자기결정이 없는 곳에는 오직 국가의 명령을 기다리는 규제밖에 생기지 않는다. 이 경우 국민이 주체성을 추궁당하게 된다.

위기 시대는 새로운 가치를 창출한다

결국 신종 코로나 바이러스 위기로 일본 국민이 실험 대상이 됐지만, 위기는 인간을 단련시킨다.

나는 몇 년 전 이 책의 저자인 현의송 씨로부터 귀리를 받은 적 있다. 일본에서는 과거 총리가 "가난한 사람은 보리를 먹어라"라고 해 귀리나 보리를 싫어하는 풍조가 생겼다. 한국의 음식 문화에는 귀리나 보리가 뿌리내리고 있는 것 같다. 내가 받은 귀리는 전라남도 완도군 청산도에서 수확되었다고 들었고, 맛이 훌륭했다.

그 이후로 한국에 갈 때마다 귀리를 사 오게 되었다. 대단히 맛있는 곡물이다. 지금은 쌀 두 홉에 귀리 20%를 섞어 밥을 지어 먹는다. 신종 코로나 바이러스 위기 속에서 나는 귀리를 재발견한 것이다. 귀리는 거친 섬유질이 가득하다. 이 거친 섬유가 장내 유익균을 키워주고, 유익균은 면역 체계를 활성화시킨다. 틀림없이 귀리는 신종 코로나 바이러스에 대항할 수 있는 면역력을 길러준다. 결국 내 건강은 한국의 잡곡 문화가 유지해주고 있다. 도정하지 않은 홀푸드(whole food)로서의 귀리를 먹는 일이 중요하다.

파이토케미컬에 주목

코로나19 혼란으로 일본에서는 다들 집에 틀어박혀 집집마다 요리하는 일이 많아졌다. 새롭게 채소에 대한 관심이 높아지고 있다. 그와 동시에 물론 국내

산을 찾고 있다. 내 친구인 지바(千葉) 농가의 미스 히로요시(三須裕義) 씨는 당근을 유기재배하고 있는데, 중국산에서 사용금지 농약이 발견돼 수입이 중단되면서 당근 값이 폭등했다고 한다. 그는 "이러면 일본의 농업은 유지돼나 갈 수 있다"라고 말했다. 국내 유통, 국산 유기농산물, 그리고 소비자가 즐거운 마음으로 구매하는 모습 등에서 일본 농업의 미래를 엿볼 수 있었다고 한다.

채소에 대한 관심은 한층 더 높아지고 있다. 파이토케미컬(식물이 만드는 다양한 화학물질)은 강한 항산화 작용을 한다. 이러한 항산화 작용은 대부분의 채소가 가진 특징이다. 파이토케미컬은 항암 작용도 하는 것으로 알려져 있다. 중증화된 바이러스성 질환을 퇴치하기 위해 파이토케미컬을 충분히 섭취하는 것이 매우 중요하다.

최대한 다양한 직거래 채널로 농업 지킨다

최근 일본은 쌀 소비가 더욱 감소하고 쌀이 남아돌아 위기 상황에 직면했다. 60kg 현미가 1만~1만 2천 엔 전후 가격에 거래된다. 농협 등 생산자단체는 비축을 늘려 쌀을 정부가 지킬 것을 주장하고 있지만 가격 하락은 멈추지 않고 있다. 결국 정부의 대응과 함께 농가 스스로가 위기의 농업을 지키려는 적극적인 의지를 가져야 할 때이다.

내 친구인 미야기(宮城)현의 오모가와 요시아키(面川義明) 씨는 일찍부터 정부의 식량관리 제도에 의존하지 않고 생산량의 거의 전량을 스스로 직매해왔다. 좋은 쌀을 취급하고 싶은 쌀가게나 맛있는 쌀을 먹고 싶어 하는 소비자에게 직접 팔고 있다. 영업활동도 활발히 한다. 이렇게 해서 그는 43ha의 쌀 전업농가로 오늘에 이르고 있다. 그의 농가는 쌀, 보리, 대두를 중심으로 한 농업경영으로 현재 주식회사 형태로 발전했고, 후계자로 대학원을 졸업한 차남이 나섰다. 기본적으로 농협 조직과 국가에 의존하지 않고 자신의 힘으로 판매를 계속해나간다는 자세가 매우 중요하다. 즉 자기결정의 농업 시대가 왔다고 생각한다.

이 코로나19의 혼란 속에서도 소비는 줄어드는 것이 아니라 오히려 증가하고 있다고 한다. 도시인들이 두문불출하며 집에서 요리하는 것이 주요 원인이다. 예를 들어 '오이식스·라·대지' 등의 농산물 직거래 유통그룹은 오히려 구매 회원이 증가해 사업이 성장하고 있다. 그렇다면 역시 유통업자나 국가에 의존하지 않고 가능한 한 산직(産直), 직매 등 다양한 판매 채널을 가진 농업 형태로 만드는 것이 중요한 시기라고 판단된다.

'수입보험'으로 다양한 리스크 보전

일본에서는 2019년부터 '전국농업공제조합'이 지금까지의 자연재해 보상에 맞춰 '수입(收入)보험'이란 제도를 도입했다. 자연재해는 물론 사회적 변화 등 농업경영의 다양한 리스크를 가능한 한 보전해나가려고 만든 제도다. '자연재해나 병충해, 조수피해 등으로 인한 수입 감소' '가격 폭락' '상처나 질병으로 인한 수확 불능' '창고 침수로 인한 품질 저하와 판매 불가능' '거래처 도산' '도난이나 운반 중의 사고' '수출 시 환율 변동으로 인한 큰 손해' 등 다양한 리스크가 보전 대상이다.

코로나19로 인한 생산 농민의 경제적 손실을 보충하기에도 적합한 제도로 인정된다. 농작물의 판매수입이 기준가격의 90%를 밑돌 때, 내려간 금액의 90%를 보전해준다. 마침 코로나19 혼란이 발생한 2020년부터 제도가 작동되어 농민들의 호평을 받고 있다. 기준액은 과거 5년간의 평균을 취한다. 따라서 농가는 경영 상태를 숫자로 관리하고 신고하지 않으면 안 된다. 곧 자기결정이 중요한 것이다.

아오모리(青森)현 히라카와(平川)시의 야기하시(八木橋) 씨는 사과 170a, 벼 110a, 방울토마토 비닐하우스 4동을 운영하고 있는데, 올여름 가뭄으로 인한 생육 저조와 강풍으로 인한 낙과로 사과 수확량이 30% 정도 감소, 수입이 크게 줄었다. 우연히 수입보험에 들어 있었기 때문에 보험금을 받아 안정적인 경영이 가능했다고 한다.

또 가고시마(鹿兒島)현 미나미큐슈(南九州)시 '이쿠타(生田) 플라워즈 팜'의 이쿠타시게오(生田茂雄) 대표의 경우, 다알리아 10a(하우스 4동) 등을 경영하고 있으며, 2019년부터 농작물 수입보험에 가입했다. 질병이나 부상으로 작업할 수 없게 되어도 보상받는 것이 매력적이라고 한다. 지방행정도 보험료의 일부를 부담하는 등 농가경영 안정을 뒷받침하고 있다.

또 미하라(三原)시 하쿠류코(白龍湖)관광농원의 마츠우라 카즈마사(松浦一正) 대표의 경우 배 5ha, 딸기 33a, 포도 30a, 체리 20a를 재배하고 있다. 그러나 코로나19 파동으로 딸기 따기 체험 관광객이 70% 줄었고 5월에는 50%가 수입 감소로 타격을 입었다. 게다가 여름철 배 따기에도 큰 타격을 입은 그때 수입보험이 버팀목이 됐다는 것이다. 2021년부터는 포도 재배도 늘려가려던 참에 코로나19가 변수가 된 것이다.

이 수입보험 제도는 부족 부분에 대한 저금리 융자도 세트로 되어 있다. 구마모토(熊本)현 다카모리(高盛)읍 '우토팜'의 우토 야스히로(宇藤康博) 대표는 스타티스와 백합, 스프레이스토크 등을 재배하고 있다. 그런데 코로

opinion

나19로 졸업식, 입학식 등이 안 열려 스타티스가 개당 80엔에서 10엔, 스프레이스토크도 개당 80엔에서 20엔으로 폭락했다. 그는 수입 감소 속에서 수입보험이 지불될 때까지 저리융자 지원을 받아 버틸 수 있었다.

이렇듯 재해 후에 주는 재해보상과 함께 '수입보험'이라는 시스템은 일본 농업의 발전에 큰 도움을 주고 있는 것으로 판단된다. 이는 재해보상 제도를 수입보험 형태로 새롭게 강화한 것이라 할 수 있으며, 신종 코로나 바이러스 혼란 속에서 그 중요성이 높아지고 있다.

인류는 '마을'에 의존해 살아왔다

남미 아마존에 살고 있는 소수민족 야노마뫼 사람들은 감염증이 확산되면 뿔뿔이 흩어져 살다가, 이윽고 감염증의 우려가 없어지면 다시 무리를 지어 살아왔다고 한다. 마을의 어원은 무리이다. 즉, 인류는 서로 공동성의 장소를 소중히 여겨왔다. 인류에게는 공동체라는 중간 조직이 있었다. 개인 대 국가가 아니고, 개인을 서로 연결해 국가와 대응해나가는 공동체이다. 이 공동체에서 지혜의 교감과 커뮤니케이션 속에, 우리는 인간의 마이크로바이옴이나 파이토케미컬의 지식과 지혜를 주고받아왔다고 말할 수 있다. 이를 바탕으로 한층 더 생산자와 소비자 간 직거래와 파머스마켓 같은 직매의 형태를 발전시켜왔다.

내 제자이자 친구이기도 한 곤(紺)군은 서른 살이 넘어 시마네(島根)현 하마다(浜田)시 야사카(彌榮)촌의 야사카 공동농장에 농업연수생으로 참가했다. 1년 간의 연수 후, 어딘가에서 농민으로 정착할 생각이라고 한다. 신종 코로나 바이러스 혼란 속에서, 과밀도시 도쿄(東京)로부터 일부러 과소의 농촌에 들어가려는 것이다. 이 야사카협동농장은 원래 '야사카의 고향 공동체'란 이름이었다. 즉 공동체 운동의 역사가 뒷받침되어 만들어진 것이다. 마을의 공동성을 바탕으로 한 농업의 진면목을 탐구하겠다는 농장이다.

이러한 공동성, 공동체, 중간 조직이 농민과 농업을 지탱하고 있다는 공통감각(커먼센스)이 중요하다는 것을 일본의 농촌은 다시금 깨달아가고 있다.

opinion

코로나19로 달라지는 세상

글 · 후지다 가즈요시(藤田和房, 일본 '대지를 지키는 모임' 회장)

2019년까지만 해도 코로나19 감염병이 전 세계에 만연할 것을 아무도 예측하지 못했다. 코로나19가 초래한 혼란의 소용돌이 속에 필자는 다음 몇 가지를 생각하게 되었다.

생명에 관계되는 것은 자급해야

먼저, 생명에 관련된 것은 외국에 의존하지 않고 자국에서 만들어 사용해야 한다. 식량이 없으면 생명을 유지할 수 없다. 세계적으로 식량 부족이 심화했을 때 식료 생산체계를 확실히 구축하지 못한 일본 같은 나라는 바로 위기에 빠진다. 일본의 식량자급률은 37%다. 마스크나 의료방호복을 수출 금지한 것처럼 수출국이 농산물 수출을 막으면 계산상 63%의 일본 국민이 굶게 된다. 생명에 관계되는 것은 자급이 원칙이다.

다음으로, 유기농업에 대한 관심을 높여야 한다. 농약이나 화학비료를 많이 사용하면 논밭의 생물들이 절멸한다. 농작물을 인간이 독차지하고 미생물이나 곤충 등에게는 아무것도 주지 않는 세상을 만들어도 되는 것일까. 그런 불합리성은 반드시 부메랑이 되어 인간에도 돌아온다. 유기농 운동은 이 같은 반성에서 출발했다.

열대우림은 생물다양성의 보고이자 야생 포유류에 붙어 사는 바이러스의 보고이기도 하다. 인간이 열대우림을 파괴한 결과 야생 포유류에 기생하던 바이러스들이 숙주를 잃고 방황하는 처지가 됐다. 바이러스는 변이 과정을 거쳐 인간에게 침투하는 악순환이 계속되고 있다.

신종 코로나 바이러스는 어떤 강력한 치료약이나 백신으로도 퇴치하지 못할 것이다. 코로나와 인류는 공존할 수밖에 없다. 과도한 소비와 환경파괴를 막고 다양성을 인정하는 사회를 구현해야 한다. 유기농의 사상과 철학이 코로나19로 주목받고 있다.

지구 입장에서는 인간이 악성 바이러스

인간은 코로나19 바이러스를 악질적인 것으로 여기지만, 지구 입장에서는 오히려 인간이 악성 바이러스다. 코로나19 만연으로 각국이 경제활동을 억제하면서 지구의 대기와 강, 바다가 깨끗해졌다. 인간은 지구에 갖가지 나쁜 짓을 해왔다. 온난화, 원자력 발전 사고, 전쟁, 공장폐수, 대기오염 등은 인간의 이기심에 근거한 생활과 무한한 경제활동의 결과였다. 아이러니컬하게도 지구에게 코로나19 바이러스는 치료약이자 백신이다.

새로운 건강식 운동이 일어나고 있다

사람들이 외출을 자제하고 재택근무가 늘어나면서 자택에서 가족과 함께 식

opinion

사하는 기회가 증가했다. 식당은 어려움을 겪었지만 대신 식자재를 현관 앞까지 배달하는 생협과 유기농 택배회사 등의 매출이 큰 폭으로 증가했다.

주부들은 음식을 만드는 대신 반 가공된 식품을 선호해 이들 식품이 폭발적으로 팔렸다. 가족에게 안전한 것을 먹이고 싶은 욕구가 증가하면서 면역력을 높여주는 음식에 대한 수요도 늘어났다. 유기농법으로 생산된 채소, 과일을 찾는 사람들이 과거보다 크게 늘었다. 첨가물이나 유전자 변형 식품에 대한 소비자의 생각도 크게 바뀌었다. 코로나19가 새로운 건강식 운동을 일으키고 있다.

젊은이들의 농촌 이주가 늘어난다

일본에서는 전쟁 후에 태어난 '단카이(團塊)' 세대가 정년을 맞은 2008년경부터 지방으로 이주하는 사례가 눈에 띄게 늘어났다. 그 전까지는 주로 나이 많은 도시인들이 귀농하곤 했다.

2015년경부터는 인구 과소화에 위기감을 느낀 지자체가 젊은이들을 지방으로 유치하는 다양한 시책을 본격적으로 추진했다. 농사를 짓겠다는 젊은이들에게 농지나 주거지를 제공하는 자치단체도 생겨났다. 코로나19 사태로 그런 움직임은 더욱 활발해질 것으로 보인다.

이같은 세태 변화는 일본 농업에 적지 않은 영향을 미칠 것이다. 농촌으로 흘러들어간 청년 인구가 농업에 종사하면 농업 경쟁력이 향상되고 지역사회의 활력도 증진될 것이다.

식량안보에 대한 생각이 바뀐다

코로나19는 국가의 식량안보 문제도 제기했다. 상점 봉쇄 등으로 인한 불안감 때문에 슈퍼에서 식료품을 사재기하는 현상도 발생했다. 식량안보는 개발도상국뿐 아니라 선진국의 문제이기도 하다는 사실이 입증됐다.

코로나19 사태로 팔레스타인은 심각한 식량난을 겪었다. 팔레스타인 자치정부와 농업 관련 단체들은 1백만 포기의 채소 모종을 심자는 캠페인을 벌였다. 주민들은 마당이나 공터, 옥상이나 베란다 등 공간만 있으면 어디든 텃밭을 가꿨다. 태국에서도 1천 2백만 가구가 채소 가꾸기 운동에 나섰다. 에콰도르에서는 식량 확보가 어려워진 사람들에게 전국농민운동단체가 유기농 식량 패키지를 전달하기 시작했다. 이 단체는 '식량은 상품이 아니라 모든 사람의 손에 들어가야 할 인권'이라고 주장한다. 코로나19로 각국에서 낙오된 사람들에게 식량을 공급하려는 다양한 노력이 전개됐다.

식량은 국가안보의 문제다. 자급률을 높이고 식량의 생산기반을 다음 세대에 물려주는 것이 중요함을 코로나19 사태가 우리에게 일깨워준다.

공장형 농업에서 소규모 가족농업으로

유엔식량농업기구(FAO)의 2019년 자료에 따르면 전 세계 식량의 80%는 소규모 가족농가에 의해 생산된다. 한국과 일본도 농업생산의 상당 부분을 지탱하는 주체가 중산간지 농가다. 이들 소규모 가족농가 없이는 한국도 일본도 국민의 식량을 조달할 수 없다.

소규모 농가와 연대함으로써 그들의 삶과 지역경제를 지켜낼 필요가 있다. 생산자와 소비자가 연대하면 음식을 통해 소비자의 건강에 대한 관심과 이

해도 깊어진다. 지속가능성과 식량안보는 밀접하게 관련되며, 식량 주권은 음식 및 의료와도 연결된다.

영국의 비정부기구(NGO) '세계농업과 상호배려'의 대표 필립 림벌리 씨는 "공장형 농업은 야생생물의 생존에 궤멸적인 영향을 미친다"고 말했다. 그의 주장은 다음과 같다.

"공장형 농업은 야생생물 감소와 세계 야생지 파괴의 주요 추진력이다. 가축을 공장에서 사육하는 것은 효율적일 수 있지만, 그 먹이를 생산하는 데 광대한 토지가 필요하고, 그것이 야생지에 대한 인간의 침입과 서식지의 파괴를 일으킨다. 동물에게는 상상을 초월하는 고통을 일으키고, 환경파괴도 유발한다. 그리고 공장형 농업과 팬데믹은 밀접한 관계다. 팬데믹의 주된 원동력은 공장형 농업이다."

그는 코로나19의 발생 원인으로 생물종의 멸종, 삼림 벌채, 자연 서식지 파괴 등과 더불어 질병의 저장고로서의 공장형 축산을 들고 있다. 코로나19 이후에는 대규모 공장형 농업에서 소규모 가족농업으로 완만하게 전환해나가지 않으면 안 된다. 이것도 코로나가 인류에게 던진 경고 중 하나다.

첨단기술로 농업 재건 노리다

코로나19는 일본 농업에 새로운 기술혁신을 가져오고 있다. 일본 농림수산성은 스마트 농업을 내세웠다. 자율주행 트랙터와 이앙기, 무인 풀베기 로봇 등의 이용을 비롯해 논물의 자동관리, 숙련 농업인의 노하우 가시화, 드론 센서로 일시에 전 농장 관찰, 수확 로봇의 실용화 등이 기대되고 있다. 이러한 기술은 농가의 고령화 대책도 되고 신규 취농자의 확보, 재배기술의 계승 문제

등도 쉽게 해결할 수 있다. 이를 통해 중산간지에서도 어느 정도 경쟁력 있는 농업이 가능해질 것으로 보인다.

경작하며 에너지도 얻는 '솔라 셰어링'

코로나19 이후 특히 희망적인 것은 '솔라 셰어링'이다. 이는 '태양 에너지(솔라)를 서로 나눈다(셰어링)'는 뜻이다. 일본에는 2011년 후쿠시마 원전 사고 이후 다시는 그런 참사가 일어나서는 안 된다는 것과 식량자급률을 어떻게든 끌어올려야 한다는 두 가지 명제가 있었다. 그 명제를 동시에 해결해주는 것이 솔라 셰어링이다.

농작물을 재배하면서 그 농지를 태양광 발전에도 이용할 수 있다. 구체적으로는 논밭 3분의 1 정도의 면적에 태양광 패널을 설치하고, 그 아래에서 벼나 채소 등을 경작하는 방식이다. 일본에서는 최근 이 솔라 셰어링이 급속히 증가했다. 솔라 셰어링으로 태양광 발전 수입과 작물 생산 수입을 동시에 얻을 수 있어 농가소득 안정화에 도움된다.

솔라 셰어링은 앞으로 경작 포기 농지에도 활용돼 신규 취농자를 불러들이는 힘이 될 것으로 기대된다. 코로나19 이후는 청정에너지와 식량 생산체제 확보라는 두 가지 목표를 향해 나아가야 할 것이다.

제 5 장

세계 농산촌유토피아를 가다

- 스위스 알프스의 아름다운 산촌농가
- 사막의 꽃, 이스라엘 키부츠
- 지역사회와 상생하는 농가 레스토랑 베벵코
- 예술의 섬으로 변신한 나오시마
- 지상낙원 같은 생태도시, 일본 아야읍
- 21세기 도원향, 일본 산촌마을 유후인
- 지방자치의 묘미, 사쿠라가이도 국도의 역
- 농촌유토피아 창조하는 홋카이도 시호로농협
- 코로나19 이후 농촌유토피아 전략 펴는 오야마농협

스위스 산촌의 아름다운 풍경, 2017, ©농민신문사

스위스 알프스의 아름다운 산촌농가

◆◆◆

이탈리아 로마에서 열린 식량안보 관련 비정부기구(NGO) 회의에 참가하고 돌아오는 길에 스위스 알프스 산록의 농가에서 민박을 하게 되었다.

제네바 국제협동조합연맹(ICA) 본부에 파견돼 있는 한국 농협중앙회 관계자를 통해 민박 예약을 하고 그와 함께 스위스의 평균 농민인 피에르 씨(57) 집에서 하룻밤을 보내기 위해 쥬씨(Jussy)읍 룰리에(Lullier) 마을로 출발했다.

꽃축제 현장처럼 아름다운 마을

제네바시에서 룰리에 마을까지는 10km쯤 되었는데 레만 호수를 따라 낮은 구릉지가 아름답고 넓게 펼쳐져 있었고, 곳곳에 그림 같은 전원주택들이 평화롭게 자리해 있었다. 도로변이나 주택 창가에는 색색의 꽃들이 어여쁘게 피어 있어, 이 지역에서 꽃박람회가 열리고 있는 듯한 착각이 들 정도였다. 조금 지나자 산악국 스위스답지 않게 평원에 옥수수, 포도 등이 재배되고 있었으며 초원에서 한가롭게 풀 뜯는 젖소들의 모습이 평화롭게 다가왔다.

국도를 빠져나와 승용차 한 대가 겨우 지나갈 수 있는 좁은 길로 접어들자 옥수수와 포도를 심은 밭 양옆으로 목초지가 질서정연하게 펼쳐지고 20여 호 정도의 작은 마을이 보였다. 바로 피에르가 살고 있는 룰리에 마을이다. 이 마을 역시 전체가 꽃으로 장식되어 있고 길이나 밭 어느 곳에도 폐비닐, 깡통 등 폐기물은 보이지 않았다.

피에르의 집에 찾아들자 마침 그는 젖소 우리에서 사료를 주고 있었고, 그의 아내 베티는 부엌에서 저녁식사를 준비하고 있었다. 영어를 잘하는 베티는 독일계 여성인데 독일어와 불어에도 능통했다. 피에르와 베티에게 통역을 통해 인사를 건넸다.

피에르는 젖소 13마리와 비육용 송아지 75마리를 사육하며, 양조 및 생식용 포도 2ha를 비롯해 모두 20ha에서 밀, 옥수수, 보리, 유채 등을 재배 중이었다. 이 중 7ha만 자기 소유이고 13ha는 임차지이다. 건초는 100%, 곡물사료는 50% 자급한다.

그의 연간 조수입은 18만 스위스프랑(약 1억 2천만 원)인데, 그중 3만 프랑은 환경보전형 농업과 조건불리지역에 대한 보상으로 받은 직접소득보상이다. 쥬씨읍에서 발행한 직접소득보상 자료를 보여 주었다.

환경보전형 농업에 직접소득보상

스위스에서 환경보전형 농업에 대한 보상이 시작된 것은 1993년부터이다. 보상 내용을 보면, 소가 축사와 목초지를 자유롭게 움직이게 하고 한쪽에 짚을 깔아 잠자리를 편하게 해주면 한 마리당 연간 60프랑, 곡물사료를 재배할 경우 1ha당 400프랑 등으로 되어 있다.

피에르 역시 이러한 조건을 충족시키기 위해 우사 뒤편에 광활한 면적의 목초지를 갖고 있으며, 모든 곡물과 목초, 포도 등은 농약과 화학비료를 사용하지 않고 100% 유기 재배한다. 마침 우사 옆 창고에는 볼품없는 사과가 쌓여 있었는데 금년에는 많이 생산됐다며 한 개를 집어 그대로 베어 먹고 필자에게도 먹어보라고 권했다. 이러한 환경보전형 농업에 스위스 농가 60%가 참여한다.

스위스 농가는 모두 9만 호인데, 호당 2만 3천 프랑(약 1,600만 원)이 지급된다고 했다. 이는 환경보호와 경관보전 등 농업이 갖고 있는 기능을 유지하기 위해 농가의 소득을 국민의 세금으로 직접 보상해준 것으로, 농업의 다양한 기능에 대한 비용은 전 국민이 부담해야 한다는 국민적 합의의 결과라고 한다.

부엌 겸 응접실에서 피에르 가족과 한창 이야기꽃을 피우고 있는데 키가 190cm쯤 되는 한 소년과 중년의 신사가 나타나 인사하고 2층으로 올라갔다. 이 집에 영농 실습을 위해 들어와 있는 학생 호프만(17)과 그의 아버지라고 한다.

호프만은 9년 동안 의무교육 과정을 마치고 4년 과정의 직업학교 과정 중 1년간 피에르의 집에서 낙농 실습 중이라는 것이다. 나머지 3년은 농기계, 유가공, 초지 조성 등을 1년씩 다른 농장에서 공부하고 장차 농장을 독립적으로 경영할 것이라고 한다. 4년 과정의 학교이지만 등교하는 것은 10월~이듬해 3월까지의 농한기 동안 일주일에 하루뿐이고 월~금요일까지는 일을 해 한 달에 350프랑의 급여를 받는다. 함께 들어온 그의 부친은 보석 도매상인데, 아들을 피에르 집에 데려다주고는 곧장 자기 집으로 돌아갔다.

밤 10시까지 이야기를 나누고 다음날 아침 6시 30분에 일어나 농장으로 나가보니 언제 일어났는지 베티는 부엌에서 장부 정리를 하고 있고, 피에르는 호프만과 함께 우사에서 쇠똥을 치우고 착유 준비를 서두르고 있었다.

7시 30분쯤 되자 대형 탱크로리가 와서 착유된 우유를 집유했다. 그날 집유

국민의 안식처-장흥우드랜드, 2020, oil on canvas, 65.2×91cm

량은 310l 였다. 곧바로 60세 정도의 남자 노인이 자주색 승용차를 타고 집 앞에 나타나 작업복으로 갈아입고 송아지가 있는 우사로 들어갔다. 그는 사료회사 직원인데 호프만에게 일주일에 한 번씩 기술 지도를 한다는 것이다.

이윽고 아침식사 시간이 되었다. 전날 저녁에 직접 구운 빵 몇 조각, 과일잼 두 가지, 아침에 짠 우유 한 컵, 버터 한 조각이 아침식사의 전부다.

높은 소득에도 검소한 생활

싱크대 옆에는 전자레인지 비슷한 것이 있었는데 베티가 뚜껑을 열고 10~20cm 크기로 자른 통나무를 집어넣었다. 50여 평 되는 이 집 전체의 난방을 하는 보일러인 셈이다. 그러고 보니 뒷마당 쪽 헛간에 통나무가 잔뜩 쌓여 있던 것이 생각났다. 처음에는 표고버섯을 재배하기 위한 대목이려니 생각했는데 이 통나무를 잘라 난방연료로 사용하는 것이었다. 이 통나무들은 주정부가 지역주민에게 저렴한 가격으로 판매한다고 한다.

1인당 국민소득이 세계 최고 수준인 스위스 국민의 난방연료가 통나무라는 사실에 놀랐다. 아무리 간벌(間伐)로 나온 통나무가 값싸도 시간마다 넣어줘야 해 번거로운데, 어떻게 통나무로 난방을 하는지 이해하기 어려웠다. 동시에 스위스가 세계적으로 부유하면서도 가장 깨끗한 나라로 우뚝 서게 된 것은 바로 이런 국민성이 바탕에 있기 때문이라는 생각도 들었다.

한편 피에르의 2층 방 한 칸을 깨끗이 수리해서 민박을 경영하고 있는 점도 인상적이었다. 주변에 유명한 관광지도 없고 순수한 농촌지대인데도 민박하는 관광객이 꽤 많다고 한다. 판에 박힌 유명한 관광지보다는 유유자적하며 농작업 체험도 하는 체류형 관광이 인기라는 것이다. 1박 2식에 1인당 25 프랑(약 1만 6천 원)이니, 그들의 소득 수준에 비하면 저렴한 편이다. 방에 비치된 노트에는 민박 소감을 기록해 놓았다. 독일, 프랑스, 덴마크 등 주변국의 도시인들이 가족 단위로 여행 와 숙박한 경우가 대부분이다.

짧은 기간이지만 스위스의 국토, 자연환경, 농촌환경 등을 직접 접해보고 과연 농업은 그 자체가 전 국민을 위한 국토의 환경보호이며 자연경관 보전이라는 생각이 들었다. 스위스는 농업에 직접 관련이 없는 사람이라도 누구나 농업의 다원적 기능을 이해하고 공감하고 있는 것으로 보인다.

농업보호와 국민적 합의

스위스의 한 국회의원은 "농업과 국방은 국가의 가장 중요한 의무다"라고 주장한다. 이는 농업과 국방을 같은 위치에 놓고 생각한다는 스위스의 국민의식을 대변하는 말이기도 하다. 덕분에 스위스는 60%의 식량을 자급하고 있고, 유사시는 3년 내에 완전 자급할 수 있는 체제도 갖추고 있다. 스위스는 또 농가는 국토와 경관보전, 지역사회 유지를 위해 매우 중요한 역할을 한다는 국민의식이 형성되어 있기에 직접소득보상이 가능했다고 본다.

농가에서 하룻밤 보낸 짧은 경험으로 스위스 농업 전체를 이야기하는 것은 무리임에 틀림없다. 그러나 비록 조그마한 산악국이어도 농업에 대한 국민들의 이해와 피에르처럼 근면하고 합리적인 소비생활을 하는 가족농, 영농실습을 4년간이나 하고 농민이 되는 직업학교 제도 등이 있는 한 스위스의 농업은 국민과 함께 영원하리라는 생각이 들었다.

사막의 꽃, 이스라엘 키부츠

◆◆◆

키부츠는 이스라엘 농촌의 구심점 역할을 해온 협업농장이다. 키부츠 정신이 오늘의 이스라엘을 만들었다고 해도 과언이 아니다. 이스라엘 전체 농산물의 40%가 키부츠에서 생산된다. 이스라엘 곳곳에는 230여 개의 크고 작은 키부츠가 있다. 이들 농장에서 일하며 생활하는 사람은 8만 명 정도에 이른다. 그러므로 키부츠에 대한 지식 없이 이스라엘의 농업과 농촌을 이해한다는 것은 불가능하다.

키부츠는 사회주의 체제와 다름없다. 원칙적으로 사유재산이 인정되지 않고, 공동으로 생산해 공평하게 분배하는 곳이다. 이스라엘이란 자본주의 국가 안에 이 같은 공산주의 개념의 집단농장이 존재한다는 사실이 이색적이다. 마치 플라톤이 그의 저서《이상국가론》에서 묘사한 것과 유사한 사회가 실현된 것 같기도 해 이방인은 야릇한 느낌을 갖게 된다.

사유재산 원칙적으로 인정하지 않아

집단농장이긴 해도 과거 공산주의 국가에 만연했던 관료주의적 병폐는 찾아볼 수 없다. 각 키부츠의 운영방식은 철저히 민주화돼 있다. 주민들의 의견이 의사결정에 최대한 반영된다. 키부츠 회장도 주민의 이익과 편안한 삶을 뒷받침하는 위치에 있을 뿐, 결코 그들을 지배하거나 우격다짐으로 통제하지 못한다. 직업의 귀천도 없다. 농기계를 다루는 사람이나 식당 아줌마나 다 같은 인격적 대우와 물질적 대가를 받는다. 꾸준히 따라다닌 체제 안팎의 도전에도 불구하고 키부츠가 오랜 세월 존속하며 이스라엘 발전의 밑거름이 될 수 있었던 것도 이 같은 민주적 운영방식 덕분이라고 보는 견해가 많다.

이스라엘 땅에 최초로 등장한 키부츠는 '데가니아'로, 1910년에 설립됐다. 그 후 시오니즘 운동과 함께 해외로 떠돌던 유태인들이 고국으로 밀려들면서 이스라엘 땅 여기저기에 각양각색의 키부츠들이 생겨났다. 키부츠란 '소그룹'이란 뜻이다. 유태인들이 고국에 돌아와 사막에 집 짓고 살 때 아랍인 공격으로부터 자신들을 보호하기 위해 작은 그룹으로 뭉쳐 생활한 것이 출발점이 됐다고 한다.

각각의 키부츠는 발전 과정과 문화, 역사가 다르다. 데가니아처럼 무려 110년 전에 태동한 키부츠가 있는가 하면, 10~20년 전 생겨난 키부츠도 있다. 폴란드, 러시아, 미국, 네덜란드, 인도 등지에서 온 유태인들이 제 나름의 키부츠를 만들어 다양한 문화와 전통을 만들어냈다.

회원이 50명도 안 되는 키부츠가 있는가 하면, 1천 명이 넘는 키부츠도 있다. 규모가 큰 키부츠의 경우 회원 가족을 포함해 주민 수가 2천 명을 웃돌기도 한다. 살벌한 경쟁 관계에서 벗어나 가족, 친구와 함께 인간적으로 살아가는 공간으로 손색이 없다.

지나친 경쟁 없이 인간적으로 살 수 있는 곳

대부분의 키부츠는 농업을 주요 산업으로 하고 있다. 감귤이나 올리브, 망고,

무화과, 자몽 등을 대규모 면적에 재배하는 키부츠가 있는가 하면, 서양 채소 위주로 농사짓는 키부츠도 있다. 젖소나 비육우, 육계 등을 대규모로 사육하는 곳도 있다. 그런가 하면 민물고기를 전문적으로 양식하는 곳도 있고, 복합영농을 하는 키부츠도 적지 않다.

주민들은 하루 8시간씩, 1주일에 6일간 농장에서 일하고 그 대가로 모든 의식주 생활을 보장받는다. 식사는 키부츠마다 갖춰진 구내식당에서 해결하고, 세탁물도 공동으로 운영하는 세탁소에 넘기면 그만이다. 그래서 그들의 집은 생활도구가 거의 없고 간소하다. 집은 저녁 때 피곤한 몸을 쉬고 잠자는 공간 정도로 여겨진다. 몸이 아프면 키부츠 내의 간이진료소를 찾으면 된다. 중병에 걸린 이는 외부 병원에 입원케 하고 일체의 치료비를 키부츠가 부담한다. 물론 아이들 교육 문제도 키부츠가 해결해준다. 키부츠인들은 이렇게 공동생활의 이점을 십분 누린다.

그들은 대부분 전원생활을 향유한다. 키부츠 울타리 안에는 온갖 나무와 꽃들이 가득한 경우가 많다. 거기에 새들이 날아와 우짖는다. 잘사는 키부츠는 내부 환경이 가히 낙원을 연상케 한다.

낙원 연상케 하는 키부츠 환경

이스라엘 서쪽, 지중해 연안에 '마간 미카엘' 키부츠가 있다. 이 키부츠는 민물고기 양식과 플라스틱 공장 운영으로 부를 많이 축적했다. 군데군데에 이국적 정서를 일깨우는 선인장 화원이 조성돼 있고, 장미가 무더기 무더기 자란다. 바닷가에 지붕이 아름다운 가옥들이 도열해 있고, 그 위로 새들이 뿌려진 듯 점점이 난다. 아이들은 종려나무 아래에서 고무줄놀이에 바쁘다. 그런 키부츠에서는 밤에 지중해의 바닷물 소리를 귓바퀴로 아늑하게 건져내며 잠들 수 있다.

세계적인 관광지로 알려진, 사해(死海) 가까이에 자리한 '엔 게디' 키부츠 역시 살기 좋은 곳이다. 이 키부츠는 각종 채소 재배와 함께 관광 산업에 손을 뻗치고 있다. 사해를 찾은 관광객들이 이 키부츠가 운영하는 게스트하우스에서 숙박한다. 구내에 망고와 바나나, 호두, 석류 같은 과일나무가 풍부히 자라, 사람들은 그 과일을 내키는 대로 따 먹을 수 있다. 생텍쥐페리의 소설 《어린 왕자》에 등장하는 바오바브나무도 있고, '소돔의 사과'란 이름의 특이한 나무도 볼 수 있다. 실내 풀장이나 선탠장, 테니스 코트 등 레포츠 시설도 두루 갖춰져 있다. 그래서 주민들은 물질적, 정신적으로 부족함이 없는 생활을 누리는 것처럼 보인다.

이스라엘 수도 텔아비브 남쪽 네게브 사막에 '에레즈' 키부츠가 있다. 이 키부츠 밖은 온통 황량한 모래밭이다. 1949년 벨기에 등지에서 이주한 유태인들이 모래땅에 깃발 하나 꽂고 출발한 곳이 지금은 풍요로운 녹색 땅으로 변했다. 망고, 대추야자, 석류, 금귤 등의 과일과 함께 양배추, 양상추 등 서양 채소들이 푸르고 싱싱하게 자란다. 주민들은 스스로 사막을 낙원으로 가꾼 사람이라는 자부심을 지니고 산다.

또 텔아비브 남부 성지인 여리고 근처에 '기바트 하임' 키부츠가 있다. 이곳에서는 400여 마리 젖소를 컴퓨터를 이용해 거의 전자동으로 관리, 사람 일손이 별로 들어가지 않는다. 한 마리당 평균 산유량은 1만 2천kg으로 세계 최고 수준을 자랑한다. 이 키부츠가 운영하는 가공공장에서는 '프리갓'이란 상표의 유명 천연주스도 생산된다. 이렇게 천연주스 생산과 젖소 사육으로 주민들은 복지가 최고 수준에 도달한 농촌생활을 영위한다.

사막 위에 오아시스처럼 푸르게 가꿔놓은 농장과 아름다운 전원주택, 주민들의 질 높은 생활 등을 들여다보노라면 '키부츠야말로 현실에 구현된 낙원이구나!' 하는 생각을 떨칠 수 없다. 복지가 수준 높게 실현된 그런 공동체야말로 현실화한 이상사회라 해도 과언이 아닐 것 같다.

지역사회와 상생하는 농가 레스토랑 베벵코

◆◆◆

최근 일본 규슈(九州) 지역 농촌을 둘러볼 기회가 있었다. 지역재단 박진도 이사장이 이끄는 정명회 연수단과 일정을 함께한 것이다. 맨 먼저 후쿠오카 공항에서 남서쪽으로 2시간 정도 걸리는 오이타(大分)현 고코노에(九重)읍의 농가 레스토랑 베벵코를 찾았다. 고코노에읍은 규슈의 지붕으로 불리는 규슈산맥 북측에 위치하는데, 동쪽은 유후인(由布院), 남쪽은 구마모토(熊本)현에 접했다. 해발 9백m인 고원지대의 중앙이기도 하다. 이 지역에서 252농가가 오이타현 전체 육우의 72%에 해당하는 4,600마리의 육우를 기른다.

베벵코는 이 농가 중 한 명인 와시즈 에이지(鷲頭榮治) 씨가 운영하는 레

일본 농가 레스토랑 베벵코, 2018, ©현의송

스토랑으로 와시즈 씨 부부와 아들 내외, 장녀, 차녀 등 온 가족 6명이 함께 운영하는 6차 산업 가족 경영체다. 그는 도쿄대학 이마무라 나라오미(今村奈良臣) 교수의 강의를 듣고 6차 산업에 뛰어들었다고 한다. '21세기는 농업의 시대다' '농업은 6차 산업의 시대다'와 같은 이야기에 용기를 얻었다는 것이다. 그래서 기존의 경영 이념을 노동 배분과 위기 분산, 6차 산업의 실천으로 재정립했다. 이에 따라 가족 모두가 육우, 수도작, 화훼 및 농가 레스토랑 부문으로 나눠 책임경영을 실천하게 되었다.

가족 분담 축산경영

와시즈 씨 가족의 경영체는 와규(和牛, 일본소) 육우 1백 마리, 고시히카리를 유기재배하는 650a를 포함한 논 2ha, 양계 250마리, 체험형 블루베리 농사, 목초지 25ha 규모와 함께 리조트 농가 레스토랑 베벵코로 구성돼 있다. 육우 매출 3,800만 엔을 포함해 전 부문 매출이 8,900만 엔에 이른다. 무엇보다 조사료 자급률이 93%에 이르는 것이 눈에 띄는데 목초지 18ha와 논 2ha, 휴경지 14ha에서 볏짚을 생산한다. 그래서 사료 구입비는 어미소 한 마리당 8만 3천 엔 정도에 불과하다.

육우는 5~11월에는 방목함으로써 노동력 절감이 가능하다는 것도 특징이다. 여기에 1년에 한 마리의 송아지를 생산할 수 있는 발정 발견 시스템 도입으로 송아지 생산 효율을 높였다. 이 시스템에 따라 발정 통보를 받고 16시간 이내에 수정시키면 임신이 확실하며, 출산 때도 24시간 전에 통보받고 미리 대비하니 실패가 없다.

농가 레스토랑은 2003년부터 자신의 농장에서 최고급으로 기른 지역 쇠고기 브랜드 '분고규(豊後牛)'를 식자재로 사용해 운영한다. 농가 레스토랑 창업 자금은 행정기관에서 연리 1% 조건으로 2천만 엔 지원받았다. 와시즈 씨는 소비자에게 생산농민의 얼굴이 보이는 축산경영을 하는 것이 오랜 숙원이었는데 이를 이뤘다고 말한다. 그래서 자신의 논에서 유기재배한 고시히카리 쌀의 20%는 농가 레스토랑에서 사용하고 나머지는 농협에 판매한다. 닭 250마리, 블루베리 0.4ha는 관광 체험용이다.

'분고규' 스테이크, 1인분 4만 원

베벵코를 개업하던 때만 해도 축산과 식당을 함께 하는 경우가 없어 언론에서도 많은 관심을 보였다고 한다. 처음 2년 동안은 적자를 면치 못했고 어려움도 많이 겪었지만, 지금은 순풍에 돛 단 듯 운영돼 6차 산업의 강점을 느끼고 있다.

베벵코 운영의 가장 큰 축인 축산은 자연환경을 최대한 활용하되 보통은 인공수유를 한다. 또 어미소와 송아지가 오랫동안 함께 지낼 수 있도록 하는 것이 건강한 사육의 비결이다. 다른 한 축인 수도작은 특별 재배미를 생산하기 위해 일반 벼농사에 비해 농약이나 비료 사용을 절반 이하로 줄이고 제초제는 1회만 사용한다.

베벵코는 연간 4만 5천 명이 방문하고 총매출액이 1억 2천만 엔(약 12억 원) 정도다. 대표 메뉴인 '분고규' 스테이크 정식은 1인분에 3,980엔(4만 원 정도)인데 3배 이상의 부가가치가 창출된다고 한다. 고객의 80%가 오이타

현 사람들이며 나머지는 인접한 구마모토현 등에서 온다.

상생축산 일환으로 감사축제도

사실 와시즈 씨는 필자가 농협중앙회 도쿄사무소에 근무하던 1980년대 후반 우루과이라운드(UR) 협상이 시작됐을 때 농산물 수입개방 반대를 외치며 미국산 자동차를 망치로 때려 부수는 퍼포먼스를 해 일본과 미국 언론의 조명을 받았다. 그 주인공이 현실적인 대응으로 전환해 지역농업 발전의 선도적인 역할을 하는 것을 보니 필자의 감회가 남달랐다.

와시즈 씨는 "6차 산업의 가장 중요한 전략은 1차 산업의 연장선임을 항상 염두에 두고 고품질 농축산물 생산에 주력하는 것"이라고 강조한다. 그는 또 지역사회와 상생하는 축산경영을 꿈꾼다. 고령화와 인구 감소로 일본 상당수의 산촌지역에 소멸의 위기감이 높아져가고 있어서다. 그는 상생축산의 일환으로 매년 가을 소비자들을 초청해 감사축제를 벌인다. 와시즈 씨의 농장과 마을을 방문한 소비자들은 그후 마을 농산물을 꾸러미 형태로 구입하는 등 지역경제 활성화의 원군 역할을 하게 된다고 한다.

예술의 섬으로 변신한 나오시마

◆◆◆

일본 가가와(香川)현 나오시마(直島)를 방문한 것은 어느 해 봄 일요일이었다. 우중인데도 나오시마로 가는 배는 관광객으로 가득 차 있었다. 나오시마는 일본의 혼슈(本州)와 시코쿠(四國)의 사이 세도나이카이(瀨戶內海)에 위치한 섬이다. 오카야마(岡山)현 우노(宇野) 항에서 배를 타고 가면 20분 정도 걸린다.

나오시마는 인구 3천 명 정도의 작은 섬(주위 16km)이다. 나오시마읍(町)과 베네세(Benesse)라는 지방기업이 중심이 되어 섬 내에 미술관을 설치하면서 연간 관광객 50만 명이 찾는 유명 관광지로 변신했다. 베네세는 학습지 판매 사업을 주로 하며, 출판업과 서점 사업도 하는 지방기업이다. 이 기업은 기업주가 지방문화를 일관되게 중요시했다. 라틴어의 베네(bene)는 '양호한' '잘' 등의 의미이고, 에세(esse)는 '산다'는 뜻이다. 즉 잘 산다는 뜻을 갖는 기업 이름이다. 베네세 창업주 후쿠다케 소우이치로(福武總一郎) 씨는 기업의 목적이 기업주만이 아니라 지역사회를 풍요롭게 하는 데 있다는 경영이념을 일관되게 주장했다고 한다. 그래서 그는 항상 공익 자본주의를 경영이념으로 했다는 이야기도 있다.

비영리법인 나오시마읍관광협회의 자료에 의하면 2014년 현재 관광객 수는 50만 명으로 섬 인구의 150배에 이른다. 최근 10년 사이에 10배 이상 증가했다.

관광객은 젊은 사람이 많다. 그중에서도 여성이 많은 것이 특징이다. 현대 예술이 인구가 적고 고령화된 섬을 젊은이들이 가장 많이 방문하는 섬으로 탈바꿈시켰다는 생각이 든다.

지역 활성화 디자인

나오시마가 새로운 예술의 섬으로 변모한 것은 50년 전으로 거슬러 올라간다. 1959년부터 36년간 읍장을 지낸 미야케 치카쓰구(三宅親連) 씨는 첫 예산안을 수립하면서 나오시마의 미래상을 다음과 같이 제안했다. '섬 중앙부는 교육과 문화의 향기가 짙은 주민생활의 장으로 발전시키고, 남부는 세도나이카이 국립공원 지역을 중심으로 자연경관과 문화유산을 보전하면서 관

나오시마 섬의 쿠사마 야요이 작품, 2016, ©현의송

광사업 지구로 발전시켜야 한다'. 이런 읍장의 발상이 예술의 섬을 만든 기초가 되었다.

1985년 처음 나오시마를 방문한 후쿠다케 사장은 경관이 아름다운 나오시마에 국제적인 캠핑장을 만들겠다는 생각을 갖고 있던 중이었다. 읍장의 생각과 지방기업의 생각이 일치하여 1987년 나오시마 섬의 남부 165ha의 토지를 베네세가 일괄 구입, 1989년 국제 캠핑장을 열었다.

국제 캠핑장에 현대 예술작품 '개구리와 고양이'를 설치한 것이 나오시마를 예술의 섬으로 전환하는 중요한 계기가 되었다는 설명이다. 그 후 1992년 일본의 유명 건축가 안도 다다오(安藤忠雄) 씨가 설계한, 현대미술관과 호텔이 융합한 '베네세하우스'가 개관하면서 현대예술 활동의 거점이 마련된 셈이다. 그 후 연중 계속해서 중요한 예술작품 전시회를 개최해 일본 예술인들의 주목을 받았다.

또 베네세하우스 내부뿐만 아니라 옥외에서도 그 장소에서만 가능한 현대예술 작품이 탄생하게 되었다. 작품을 통해서 세도나이카이의 아름다운 경관을 재발견하는 계기도 되었다는 평가다. 현재 배를 타고 도착하면 바로 해변에 보이는 대형 붉은 호박 작품도 유명한 조각가 쿠사마 야요이(草間彌生)가 현지에서 제작한 작품이다. 시가 3억 원으로 나오시마의 랜드마크가 된 작품이다.

섬의 역사 문화와 현대예술

1990년대부터는 베네세하우스 내부를 벗어나 섬에 살던 주민의 집들이 예술의 무대로 전환되었다. 이제까지 세도나이카이의 자연과 현대예술의 조합을 중심으로 활동했으나 섬의 역사, 주민들의 생활문화 등을 융합한 새로운 예술 형태로 전환된 것이다.

이를 '이에(家) 프로젝트'라고 한다. 2백 년 이상 된 주택이 있는 마을에 빈집이 생기면 이를 활용해 미술작품과 설치 미술품을 전시하고, 관광객이 마을을 거닐며 미술작품과 마을의 생활 등을 체험하는 관광이다. 주택의 외부는 그대로 살리고 내부는 개조해 집 전체가 미술관이 되도록 했다.

예를 들면 '이시바시'는 일본화 작가 센주 히로시(千住博)의 작품을 전시했다. 이 집은 본래 제염업을 했던 곳으로 이 마을에서 가장 잘살던 집이다. 마루에 전시한 작품 '폭포'는 폭이 15m나 되는 대작이다. 센주 히로시가 베니스 비엔날레에서 발표한 작품을 재현한 것인데, 바닥에 검은 옻칠의 판을 설치해서 거기에 반사된 폭포수가 흔들리고 있는 것처럼 보인다. 이 외에도 '치과의사 집' '지주의 집' '신사' '절' 등이 있다. 일본의 유명한 화가들이 여기에 참여하고 있다. 2백년 이상 된 일본의 전통가옥 40여 호와 좁은 골목길이 옛날 모습 그대로 보전돼, 미술작품을 관람하면서 거리를 거니는 것이 매우 즐겁다.

지중(地中)미술관

2004년에는 지중(地中)미술관이 설치되었다. 이는 관광객이 가장 많이 찾는 곳으로 유명하다. 지중미술관은 지역의 자연경관을 훼손하지 않기 위해 땅을 파 지중에 미술관을 설치하고 다시 본래 모습으로 복원했다. 이 미술관은 안도 다다오의 작품이다. 내부에는 월터 드 마리아(Walter de Maria), 제임스 터렐(James Turrell), 클로드 모네(Claude Monet) 등의 작품이 전시돼 있다.

월터 드 마리아는 세밀한 치수와 함께 공간을 제시하고 그 공간에 직경 2.2m의 구체(球體)와 27개의 금박을 사용한 목제 조각을 배치해 구성했다. 작품의 표정이 일출에서 일몰 사이에 시시각각 변화한다.

제임스 터렐은 빛 그 자체를 예술로 제시하는 작품이고, 그것을 정확히 체험하기 위해 형태와 크기는 작가 본인이 설계했다.

클로드 모네 작품은 지중에 만들어진 공간이면서 자연광만으로 모네의 회화 5점을 감상할 수 있다. 수련 시리즈로 유명하다. 지중미술관 작품 중 가장 인기 있는 것 같다.

한편 지역과 현대예술의 공생을 기획하기로 주민들이 뜻을 모았다. 나오시마에 있던 황폐화된 논을 다시 복원해 논농사를 하기로 했다. 이는 단순한 현대예술의 활동 범주를 넘어 '지역사회와 예술의 공생' '예술에 의한 지역사회 활성화' 등을 추구하고 있는 점이 인상적이다.

이우환미술관

한국인 미술가인 이우환의 미술관은 바다가 보이는 골짜기를 파 지중에 설치하고 자연경관을 다시 복원하는 방식으로 역시 안도 다다오가 설계했다. 서구적 가치관의 지중미술관과 달리 일본, 한국 등 아시아 문화적 배경을 지닌 예술가의 작품을 전시하고 있다. 입구에 18.5m의 육각 콘크리트 기둥과 자연석과 건축, 예술이 일치를 이루는 미술관으로 유명하다.

나오시마 섬의 이우환미술관, 2016, ©현의송

나오시마 섬이 미술관을 설치하여 예술의 섬으로 탈바꿈하면서 지역주민들도 봉사단체를 만들어 안내하고 자발적으로 섬의 경관을 유지하는 노력을 하고 있는 점이 인상적이다. 음식점이 한 곳도 없던 이 마을에 식당이 40여 곳이 생겼고 민박집이 50개나 탄생했다. 나오시마가 예술의 섬으로 발전하면서 인접한 데시마(豊島), 이누시마(犬島)도 미술관을 설치하고 '이에 프로젝트'를 실시, 빈집을 미술관으로 재탄생시켰다.

약 20년의 나오시마 예술 활동은 세도나이카이 전체로 확산되어 2010년에는 7~10월까지 105일간 '세도나이카이 국제 예술제'를 개최했다. 이 기간 동안 94만 명의 관광객이 예술의 섬들을 방문했다.

나오시마를 눈여겨본 것은 내 고향 영암에도 훌륭한 '하정웅미술관'이 있고 도기박물관도 있기 때문이다. 일본인뿐 아니라 세계적으로 유명한 이우환의 작품도 하정웅미술관에 소장되어 있다고 들었다. 영암군민 모두가 자랑스럽게 생각하는 미술관이 되기 위해서는 주민 모두가 관심을 갖고 생활 속에서 즐기는 미술관이 되기를 기원한다.

결론적으로 나오시마라는 낙도(落島)가 현대예술과 만남으로써 어느 곳에나 있었던 무명의 지역에서 매력 있는 고유의 장소로 변신했다는 점에 주목하고 싶다. 단순히 예술작품이 거기에 있는 것만으로 충분하지 않다. 그곳의 자연과 역사의 바탕 위에 지역주민과 교류하면서 그곳밖에 없는 독창성을 발휘해야 한다는 점이 중요하다는 생각이 든다.

지상낙원 같은 생태도시, 일본 아야읍

◆◆◆

일본 규슈(九州) 지방 미야자키(宮崎)현의 중서부에 위치, 유기농업과 자연생태계 농업으로 유명한 아야(綾)읍을 2019년 어느 여름날 파스토랄호텔 가네사키 히데아키(金崎英明) 사장의 안내를 받아 견학했다. 아침 8시 자동차로 벳푸(別府)를 출발, 2시간이 걸려 도착했다. 남쪽으로 내려가는 고속도로 연변으로 벼가 익어가는 넓은 평야지와 대규모 양파 재배 단지가 보인다.

다케다시의 들꽃 축제, 2019, ©일본농협신문(JA.com)

아야읍은 30년 전 농협 동경사무소장으로 근무할 때부터 방문하고 싶었던 지역이다. 그 당시 일본 농협중앙회 직원들은 아야농협 조합장이 공산주의자이므로 만나지 않는 것이 좋겠다는 의견을 말해 포기했었다. 그러나 전 지역이 유기농업과 자연 생태계 농업 지역이며, 상록활엽수림을 활용한 지상낙원 같은 곳이란 생각이 들어 늘 마음속에 두고 있었다.

아야읍은 1960년대 1만 명으로 인구 정점을 찍고 1970년 7천 명으로 줄었으나 그후 지금까지 50년간 더 이상 인구가 줄지 않은 유일한 농촌지역이다. 이 지역을 찾는 관광객은 연간 120만 명에 이른다. 이는 1964년 읍장으로 취임한 고다 미노루(鄕田實) 씨가 자연을 지키고 유기농업을 전 지역에서 실천한 것이 주효했다고 평가된다.

기간산업은 농업이다. 유기농업으로 생산한 양파, 각종 채소류와 아야 소, 아야 돼지, 아야 토종닭 등 축산물도 함께 도쿄(東京)와 오사카(大阪) 지역의 백화점에서 희소한 고급 농축산물로 판매된다. 읍 행정과 농협이 함께 설립한 아야읍 농업지원센터의 지역농업협력대원 20명이 고령 농가의 어려운 농작업 대행과 농산물의 판로 개척을 담당해준다.

한편 상록활엽수림의 장점을 활용해 천연 염색하는 염직공예품, 지역산 목재를 활용하는 목죽공예, 지역의 흙을 사용한 도자기, 자연을 이용한 유리공예 등 공예품 생산지로도 유명하다. 특히 장기판, 바둑판은 일본 최고급품이 여기서 생산된다.

아야읍에 들어가면 읍행정기관과 농협이 있고 지역 농산물 직매장이 인접해 있다. '자연 생태계 농업의 읍'이라는 입간판이 곳곳에 서 있다. 읍사무소 앞 도로변에는 맑은 물이 자연스럽게 흐르는 도랑이 있고 잉어, 붕어 등 물고기들이 유영하는 모습을 볼 수 있다. 일본 내 '명수(明水) 1백선 상'을 받았다는 푯말과 함께 자연 생수가 파이프를 통해 중단 없이 흐르고, 주민 모두가 마음껏 물통에 생수를 담아가는 모습이 풍요롭고 아름답게 보인다.

'일본에서 별이 가장 잘 보이는 지역 상' 받아

일본 정부와 단체로부터 다양한 상을 받았다. ▲인구 감소 지역 활성화 우수사례촌 상 ▲고향 만들기 대상 ▲일본의 명수 100선 상 ▲일본에서 별이 가장 잘 보이는 지역 상 ▲물의 고향 상 등 농산촌 지역을 대상으로 하는 주요

상을 다 받았다는 느낌이다.

과거 일본에서는 삼나무, 편백나무로 수종 갱신을 했으나 이 지역은 읍장의 주도로 오래전부터 자라온 상록활엽수를 보전하고 이를 관광자원으로 활용했다. 이러한 것이 종합적으로 평가되어 자연 상록활엽수림이 2012년 7월 12일 유엔이 인정하는 '유네스코 에코 파크'로 등록되었다. 유네스코가 인정하는 '생물권 보전지역'을 일본에서는 '에코 파크'로 부른다. 현재 117개국의 610개 지역이 등록되었고 일본 내에서는 4개 지역이 지정되었다. 유네스코 에코 파크는 귀중한 생태계의 보전과 지역사회의 지속가능한 발전이라는 두 가지를 양립시킬 수 있다는 점에서 중요하다.

자연 생태계로부터 받을 수 있는 은혜인 생태계 서비스를 정량적으로 분석하는 연구도 진행했다. 즉 이 지역의 특산품인 '휴가나츠'라는 감귤은 꿀벌의 화분 운반이 중요한데, 이들 꿀벌이 자연 상록활엽수림에 대량 서식하므로 자연경관의 보전은 물론 고품질의 감귤 특산물도 생산할 수 있다는 것이 증명되고 있다.

이러한 자연환경이 높이 평가되어 인구 7천 명의 작은 산촌지역이 연간 관광객이 120만 명이나 찾는 유명한 자연 관광촌으로 발돋움한 것이다.

또 일본에서 유일하게 매월 16일은 '지산지소(地山地消)의 날'로 정하고 미야자키 식생활 르네상스 운동을 한다. 태양과 신록의 고향으로 불리며 온난한 해류의 영향으로 다양한 농산물을 생산하는, 식생활의 보고라는 점을 어필한다. 지역 내 전 주민이 참여하여 농산물 생산, 가공, 유통, 소비 교육의 모든 현장에서 지산지소와 식육(食育, 식생활 교육)의 필요성을 강조하며 지속적 실천을 추진하고 있다.

읍사무소 앞의 목판에 새겨진, 50여 년 전 제정된 읍의 헌장 내용도 매우 의미심장하다. 그 내용은 다음과 같다.

풍요로운 자연과 전통을 살려서 모두의 지혜와 협력으로 미래가 있는 읍을 만들기 위해 헌장을 선포한다.

- 자연생태계를 살리고 육성하는 읍
- 건강, 풍요, 활력이 있는 읍
- 청소년에 자긍심과 희망을 북돋아주는 읍
- 생활문화의 창조와 연구를 집중시키는 읍
- 주민 상호 배려와 교류 소통으로 명랑한 읍

안전한 농산물을 생산하기 위해 정부의 유기농업 인정제도가 나오기 이전에 아야읍은 그와 별도로 자연 생태계 농업인정 제도를 만들었다. 1988년 10월 1일부터 읍의 조례로 정한 재배 기준에 따라 생산된 농산물을 금, 은, 동으로 인정레벨을 붙여 판매한다. 예를 들면 토양소독 농약과 제초제를 3년 이상 사용 안 한 농지에서 생산하면 '금', 2년 이상 사용 안 하면 '은', 1년 이상 사용 안 하면 '동' 등으로 표시해서 판매한다. 나머지 화학비료를 전혀 사용 안 하면 '금', 시비 성분량의 20% 이하를 사용하면 '은'과 '동' 등으로 한다. 화학 합성농약을 전혀 사용 안 하면 '금', 관행 방제 횟수의 5분의 1만 사용하면 '은', 관행 방제 횟수의 3분의 1 사용하면 '동' 등으로 인정 표시한다. 지역 전체의 모든 농산물에 대해 읍 행정이 책임지고 안전성을 보증하는 것이 전국적인 브랜드로 인정되는 중요 요인이 되었다.

폐성 복원해 '아야읍 국제 공예품 성'으로

읍의 중앙에 있는 일본풍 고성(古城)을 방문했다. 본래 이 성은 지역 사무라이가 거주했던 중세풍의 산성이다. 1886년 메이지(明治) 정부의 폐성(廢城) 명령으로 소실됐으나 완전히 지역 내에서 생산된 목재를 사용해 복원했다. 이 성 건축물을 활용해 일본 내에서 유일하게 연중 각종 공예품을 전시판매하는 국제 공예품 성으로 만들었다. 이 '아야읍 국제 공예품 성'은 지난 1986년 모습을 드러냈다.

아야읍은 상록활엽수림이 만들어준 생활문화를 오랫동안 지켜왔다. 즉, 읍의 곳곳에서 다양한 전통 공예품을 만들어 판매한다. 견직물, 목공예품, 유리공예품, 도자기, 죽세공품, 천연염색품 등이 주민의 손으로 만들어지고 있다. 그래서 수작업 공예품을 보존하고 많은 사람이 즐길 수 있도록 공예의 전당, 공예품 성까지 건설하게 된 것이다. 여기서는 지역 내에서 제조된 수작업 공예품의 전시와 공방의 안내, 공예교실 등의 체험학습과 국내외 교류전 등을 연중 실시하고 있다. 공예품 도자기 등은 이 지역 사람들이 만들지만 지역행정이 지원하기 때문에 다른 지역에서 홀대받던 목공예인, 도예인들도 이주해와 자연스럽게 제조하기도 한다.

아야읍이 이렇게 되기까지는 읍장이라는 지도자의 역할도 중요했지만 지방대학인 미야자키(宮崎)대학이 지역사회에 공헌할 수 있는 우수한 인재를 배출하고 그들의 헌신적인 연구 활동이 뒷받침되었기에 가능했다고 한다.

식생활과 삼림테라피로 만성 질병 치유

고다 읍장 사망 후에는 그의 딸 고다 미키코(鄉田美紀子) 씨가 농민약제사가 되어 고다약국을 운영하고 있다. 그는 아버지의 유지를 받들어 약국 옆에 약선다방(藥膳茶房) '유기농 고다'를 운영하고 있다. 모든 질병을 약과 병행해 식생활로 치유할 수 있도록 요리교실을 열어 주민들을 지도하며, 전국적으로 인기를 끌고 있다.

2000년부터는 풀이나 곤충을 적으로 생각하지 않는 자연농업을 실천하는 학교를 만들어 자연농 생활 실천을 내용으로 하는 식양강좌(食養講座)의 강사를 맡고 있다. 2005년에 그의 부친이 저술한 책에 자신의 활동을 가필해서 다시 출간했다. 현재는 식생활과 삼림테라피를 함께 해 만성질병을 치유하는 약선숙사(藥膳宿舍)를 성황리에 경영하고 있다.

이러한 아야읍의 지역 활성화 성공사례를 연구하는 학자들 논문이 필자가 확인한 것만도 20여 편에 이른다는 점도 눈여겨볼 필요가 있다. 일본 지자체의 성공사례로 인정되고 있다. 고다 읍장이 쓴《협동의 마음(結の心)》이란 책은 지방자치단체장과 지자체 공무원의 필독서가 되고 있다. 고다 씨는 읍장을 6기 24년 간 역임했고, 3기는 농협조합장을 겸직하기도 했다.

삼림을 벌채하고 목재를 팔아 지역경제를 유지하다가 수입 목재로 지역경제가 파탄에 이르자 이를 견디지 못하고 야반도주가 예사로 일어나던 지역이었다. 그러나 고향을 사랑하는 고다라는 지도자 한 사람의 노력으로 숲과 환경, 공예와 전통문화를 지키며 협동정신 아래 살기 좋은 지역으로 성공한 아야읍의 사례는 일본 내에서 유명하다.

더욱이 그의 딸 고다 미키코 씨가 약선다방, 약선숙사, 약선요리교실 등 다양한 활동으로 2대째 지역사회를 위해 헌신하는 점도 높이 평가받을 만하다. 최근에는 지구촌 환경문제가 떠오르면서 아야읍은 지속가능한 발전의 선진사례로 칭찬받고 있다.

농촌지역의 인구 감소와 고령화는 한국과 일본 간 시간 차이가 있지만 비슷한 점이 많다. 우리 경우도 농촌지역 지자체의 인구 감소와 고령화로 폐촌의 위기에 처한 곳이 상당수에 이른다. 아야읍처럼 지역 내의 자원을 활용하는 내발적(內發的) 발전 요인을 찾아 산학관민(産學官民)이 함께 지혜를 모아야 할 때라고 생각한다.

21세기 도원향, 일본 산촌마을 유후인

◆◆◆

일본 오이타(大分)현의 유후인(由布院). 피부병에 좋다는 츠카하라(塚原) 온천과 위장병에 좋다는 유히라(湯平) 온천 등이 유명한 산간마을이다. 해발 1,584m의 유후다케(由布岳) 산에 흰 구름이 신선처럼 걸려 있고, 그 아래로 넓은 초원이 펼쳐져 평안한 느낌을 준다. 남북으로 오이타 강이 흘러 논밭을 적신다.

바로 동쪽 산 너머에 온천도시 벳푸(別府)가 있는데, 유후인은 벳푸에서 숙박을 한 사람들이 지나가는 길에 잠시 들르기 때문에 늘 관광객으로 북

유후인의 거리 미술관, 2019, ©현의송

적거린다. 유후인의 인구는 1만 1천 명 정도이지만 연중 관광객이 무려 4백만 명에 이른다. 그중 25%인 1백만 명은 숙박까지 한다. 관광객의 80%가 여성이고, 70%는 나중에 또 찾아온다는 통계도 있다. 높은 건물이 없고 호화로운 상가나 호텔도 보이지 않는 이 고즈넉한 시골이 서울의 명동처럼 붐비는 이유를 이해하기란 쉬운 일이 아니다. 유후인의 어떤 매력이 이들을 끌어들이는 것일까?

유후인마을을 주도적으로 이끌어온 지도자 나카야 겐타로(中谷健太郎, 전 영화감독) 씨와 그의 부인 나카야 아케미(中谷明美, 전 배우) 씨를 몇 해 전 11월 중순 그들이 운영하는 호텔이자 집인 가메노이벳소(龜の井別莊)에서 만났다. 나카야 씨는 도쿄(東京)의 메이지(明治)대학을 졸업하고 도호 영화사에 입사했다가 1962년 귀향했다. 그는 유후인 리더 1세대인 셈이며 지금도 마을 만들기의 중심 역할을 한다.

나카야 씨와의 만남은 이번이 처음은 아니다. 전에 그와 몇 차례 짧은 만남을 가졌고 저서도 선물받았지만 다 읽지 못했었다. 그러니 필자가 알고 있는 유후인은 지도자 3명이 벳푸와 차별화해서 자연과 전통문화를 보전하고 이벤트를 통해 유명해졌다는 사실 정도였다. 일본인들도 그를 만나기는 쉽지 않은데, 한국 사람에게는 다큐멘터리 영화 '워낭소리' 이야기를 가끔 했다. 소에 대한 한국인들의 애정에 감동받아 많은 눈물을 흘렸다는 것이다.

그는 크지 않은 체구에 주름살이 깊게 팬 데다 눈썹이 짙어 강인한 인상이다. 간장게장을 매우 맛있어해서 그를 만날 때는 간장게장을 선물로 준비한다. 이번에는 광주농협 조합원들과 함께 방문하는 터라 미리 화가인 지인을 통해 한국의 농민들에게 격려의 말을 해달라고 부탁해놓았다. 그래서인지 예전과 달리 이번에는 한 시간 동안 호텔 여기저기를 돌면서 한국식 기와집과 사랑방 모습이 절충된 시설 등을 직접 안내했고, 한국 문화와 일본 문화의 차이에 대해 설명해주었다.

들새들이 부딪히는 거울 속 유후다케 산

나카야 씨가 가장 자랑스러워하는 것은 객실이 있는 건물인 듯하다. 그 건물의 외벽 거울에 유후인을 상징하는 유후다케 산이 실물처럼 비친 모습을 가리키며 "겨울에 종종 들새들이 거울에 비친 모습을 실제 유후다케 산으로 착각하고 날아와 부딪힌다"고 했다. 1박에 3만 엔(30만 원)인 호텔 방을

일본 도쿠시마 산비탈농업(세계농업유산), 2019, oil on canvas, 72.7×60.6cm

비롯해 자연과 조화를 이룬 아늑한 욕실도 보여주었다. 마지막으로 그의 서재로 안내해서 자신의 고향 유후인의 역사를 설명했다. 서재 한쪽에서 80년 전 영국에서 제조한 축음기로부터 오페라 '아이다'의 음률이 흘러나오는 가운데 우리 일행은 모두 감회에 젖어 그의 이야기를 경청했다.

유후인은 3차 산업인 관광업의 종사자가 주도해서 마을을 발전시키고 2차 산업, 1차 산업으로 파급해 6차 산업화에 성공한 지역이 되었다. 이곳으로부터 서쪽으로 50km 정도 떨어진 오야마(大山) 지역은 농협이 주도해서 1차 산업인 농업을 발달시키고 2차, 3차 산업으로 발전한 것이 차이점이다. 유후인이 산간의 농촌임에도 3차 산업을 기반으로 하여 6차 산업화를 이뤘다는 점은 놀랄 일이다. 이렇듯 주민들이 3차 산업을 바탕에 두되 지역문화의 뿌리인 농업을 유지하기 위해 노력한 것은 농업과 농촌의 문화가 곧 민족과 국가의 기초임을 인식했기 때문일 것이다. 실제로 유후인 지역에 농가가 많은 것은 아니지만 채소, 쇠고기, 우유 등은 가격이 다소 비싸더라도 유후인의 농가에서 생산한 것을 사용한다고 한다.

한편 나카야 씨는 오야마농협의 사정에도 밝은 사람이었다. 오야마농협은 초대 조합장인 야하다 하르미(矢幡治美)라는 특출한 지도자가 있었고, 그의 지도를 받아 미리 후계자로 양성된 야하다 세이고(矢羽田正豪) 조합장이 있었기 때문에 50년 동안 시대 변화에 맞춰 발전해올 수 있었다는 것이다.

야하다 세이고 조합장을 만난 것은 이튿날이었다. 그는 나카야 씨가 오야마의 농촌개발 방식을 보고 힌트를 얻어 유후인을 농업이 있는 휴양 관광지로 발전시켰다고 말했다. 관광업만 발전시켜서는 민족혼인 문화가 없는 마을이 될 것이 뻔하기에 오야마처럼 농업과 관광업이 공존하는 농촌개발 방식을 택했다는 이야기다. 야하다 조합장은 나카야 씨에 대해 연구심과 실행력이 탁월하다고 평가한다.

오야마마을은 지역주민 모두가 서로 돕는 삶을 영위한다. 농협을 중심으로 50년 동안 영농 활동과 생활문화 활동, 그리고 해외 학습 여행도 실시한다. 아무것도 없는 산촌마을이 행복지수가 가장 높은 마을이 된 것은 농협의 협동조합 문화 덕분이다. 그래서 일본의 부탄이라는 평가도 받는다. 나카야 씨와 야하다 조합장은 40년 동안 교류와 자문을 하면서 서로 존경하고 협력하는 사이가 된 것으로 보인다.

유후인에는 '유후인 삼성(三星)'이라는 것이 있다. 앞에서 언급한 '가메노이벳소'를 비롯해 '산소무라타(山莊無量塔)'와 '다마노유(玉の湯)'를 함께 일컫는 말이다. 일본의 여관 대부분이 교토 요리를 지향점으로 하는 것과 달리 가메노이벳소는 유후인의 지역적 특성을 살린 향토 음식 '가이세키(會席)' 요리를 내놓는다. 예를 들면 유후인산 땅콩으로 만든 가정식 두부, 해초 양념장의 송어 요리, 시금치 수프 등 지역에서 생산된 계절 식자재를 사용한 요리이니 한국으로 치면 신토불이의 실천이라 하겠다.

'소 한 마리 목장 운동'과 '쇠고기 먹고 소리 지르기'

'유후인 삼성' 중 역사가 가장 깊은 가메노이벳소는 일본의 모든 여관이 모범답안으로 삼아왔다고 할 만큼 유후인의 상징적인 존재가 되었다. 이렇게 되기까지는 나카야 겐타로 씨의 시대를 한 걸음 앞서가는 카리스마 넘치는 경영 스타일이 절대적으로 작용했다고 한다.

과거 유후인이 산 너머 벳푸에 비해 인구가 줄고 지역경제가 활력을 잃어 갈 때 나카야 겐타로, 미소구치 군페이(溝口薰平), 시데 코지(志手康二), 이렇게 여관 경영자 셋은 의기투합해서 '내일의 유후인을 생각하는 모임'을 만들었다. 이들은 1950년대에 3개월 동안 유럽 등을 여행하면서 토론을 거듭해 유후인 발전을 위한 기본 방향을 만들었다. 이들은 '개발보다는 보전' '관광객보다는 주민 먼저'라는 두 가지 원칙을 정했다. 그리고 끊임없이 지역경제 활성화를 위한 이벤트 등을 제안하고 실천했다. 주요 이벤트 가운데 ▲소 한 마리 목장 운동 ▲쇠고기 먹고 크게 소리 지르기 ▲국제 영화제 개최 ▲음악회 ▲불 축제 등은 일본 전역의 주목을 받았다.

그 중에서도 '소 한 마리 목장 운동'은 오늘의 유후인을 만든 지역 활성화의 출발점이 되었다는 평가도 있다. 내용은 이렇다. 도시 사람이 송아지 한 마리 대금으로 20만 엔을 농가에 출자하고 농가는 5년 동안 소를 길러 송아지를 낳으면 이를 팔아 원금을 도시인에게 반환한다. 이자 명목으로 제철에 생산되는 채소와 버섯, 녹차 등을 도시인에게 보내는 시스템이다. 이는 기업에 의한 난개발을 막고 열악한 환경을 역이용해 자연환경을 지키는 계기가 되었다는 평가다.

어떤 해에는 전국의 폭력단이 유후인에 집결해 신년 인사회를 한다는 정보가 있었다. 이런 경우 대개 여관업자나 행정기관은 모른 체하고 넘어가기 십상이다. 그러나 이들은 폭력단에 적극 대응하기로 결정하고 모든 예약을 취소하며 관광업계 전체가 3일 휴업으로 맞섰다. 그야말로 일본에서 전례가 없는 일이었다. 이는 전국 매스컴의 톱뉴스가 되었고, 유후인 주민의 불의에

저항하는 용기에 찬사가 이어졌으며, 유후인은 폭력단이 얼씬도 못하는 안전한 휴양지라는 이미지가 부각됐다. 지금도 일본의 모든 온천과 공중목욕탕 입구에는 폭력단과 문신을 한 사람의 입장을 사절한다는 푯말이 붙어 있다.

골프장과 댐 건설 반대

유후인의 지도자들은 골프장 개설 반대와 수자원 확보를 위한 댐 건설 반대 등을 통해 자연을 원형 그대로 보전하기 위해 노력했으나 끊임없이 외부 자본과 행정의 자연파괴 및 개발 압력에 시달렸다. 물론 지역주민 간에도 갈등과 의견 차이가 있었다. 나카야 씨는 대규모 기업자본이 들어오면 일시적으로는 좋을 수 있지만 자본의 논리에 의해 힘없는 주민들이 결국은 고향에서 쫓겨나게 된다고 설득했다. 이런 생각은 지금도 변함이 없다. 시대를 꿰뚫어 보는 나카야 씨를 필두로 주민들이 뜻을 모으고 외부와 싸우면서 지역의 자연과 문화를 유지해왔기에 오늘의 유후인이 있게 되었을 것이다.

나카야 씨는 젊은 시절 대학을 졸업하고 도쿄에서 영화감독을 하고 있었다고 한다. 영화 관련 일에 인생을 걸 작정이 아니었고 자기 삶의 종착점이라는 생각도 없었으나 재미는 있었다고 한다. 그러던 때 아버지가 돌아가셨고, 고향에서 작은 여관을 운영하던 어머니가 도쿄로 찾아와 혼자서는 여관을 감당하기 어려우니 고향으로 돌아올 것을 권했다. 나카야 씨는 어머니의 간절한 소망을 저버릴 수 없었다. 이 생각 저 생각으로 수개월을 보내다가 문득 '이제까지 내가 배운 것으로 고향을 발전시켜 보자'는 생각이 들어 고향으로 내려왔다.

그는 가장 보람 있는 일로 '쇠고기 먹고 크게 소리 지르기' 이벤트를 시작한 것을 든다. 시골 사람들은 도시 사람들이 무엇을 좋아하는지, 어떤 고민이 있는지 잘 모른다. 그러니 상품이나 이벤트를 만들기도 어렵다. 쇠고기는 어디서 먹더라도 같은 고기이지만, 산에 가서 크게 고함을 지르고 나서 먹으면 특별히 맛이 있다. 고민이나 스트레스를 큰 소리로 표현하고 나면 해결된 듯한 감정을 갖게 되기 때문일 것이다. 사람은 누구나 불평불만이 있다. 그것을 고함을 질러 해소하게 해주면 어떨까 하는 아이디어에서 출발한 이 이벤트에 참가한 사람들은 행복감을 느끼기 시작했다. 세태를 반영하는 다양한 절규도 나왔다. 유후인 초원의 아름다움과 확실히 맛있는 쇠고기도 자연스럽게 매스컴을 통해 전국에 알려지게 됐다. 산골의 작은 마을은 이렇게 세상에 알려지고 사람들이 모여들었다.

호텔 운영 방침도 특별하다. 지역 사람을 많이 고용하는 것이 나카야 씨 일생의 모토다. 그래서 18개뿐인 객실에 종업원은 100명이나 된다. 고객들에게 최대한 친절한 서비스를 제공하고 안전과 함께 평안함을 만들어주려고 노력한다. 자신의 호텔에서 종업원으로 근무했던 사람들이 유후인에서 개업한 여관도 10개나 된다. 그들이 여관업을 하는 데 도움을 주는 것도 큰 재미라고 한다.

일본 정부의 문화관광청이 주는 것으로 '관광 카리스마 상'이 있다. 이 상은 지역 개발에 공이 큰 사람에게 수여하는 유명한 상이다. 그런데 나카야 씨는 이 상의 수상을 사양했다. 자신이 좋아서 하고 필요해서 하는 일인데 무슨 상이냐는 것이다. 지방자치 행정기관 통합도 그는 반대한다. 서로 다른 것이 제각각 특색을 살려나가는 것이 중요하다고 여겨서다. 통합을 하면 문화적 다양성이 사라진다. 이것은 평화가 아니다. 다른 것을 서로 같게 만드는 것은 전쟁이다. 지방행정 통합은 전쟁광들의 논리와 같기 때문에 반대한다는 것이다.

어떤 가정이나 기업, 단체도 후계자가 없으면 지속되지 못한다. 따라서 후계 인력 양성의 중요성은 두말할 필요가 없다. 마침 나카야 씨 가업은 도쿄에서 공부한 아들 내외가 내려와 잇기로 했다. 특별히 경영 수업을 시킨 것은 없으나 유후인의 자연을 아끼고 사람들과 잘 지내도록 배려하고 있단다. 오랫동안 부모가 하는 것을 보며 지냈으니 자연스럽게 배웠을 것으로 믿는다는 이야기다.

애향심 강한 지도자가 중심 역할 한다

오야마농협과 유후인은 공통점을 갖고 있다. ▲지역 자원을 유지·보전·활용했다는 점 ▲지역 주민의 자립심을 살렸다는 점 ▲내발적 발전 요인을 활용했다는 점 ▲애향심이 강한 지도자가 중심적 역할을 하고 있는 점 ▲농업이 있는 마을을 지향했다는 점 등이다. 다만 오야마는 농협이 중심이 되었고, 유후인은 관광업자가 주도했다는 점이 다르다.

그는《농촌 문화 운동》《지역 활성화 운동》《다스키가케노(소매를 걷어부치고 열심히 달려온) 유후인》《마을 만들기》《농업의 6차 산업화》 등 책을 10여 권이나 냈다.《농촌 문화 운동》은 오래 전에 출판되었고, 소매를 걷어붙이고 부지런히 달려온 유후인이라는 의미인《다스키가케노 유후인》은 최근 출판된 대표적인 책이다.

최근 몇 년간 농업의 6차 산업화, 마을 만들기 등과 관련해 유후인 등 일본의 농촌을 방문한 한국인들이 많다. 우리 공무원과 농민인 마을 만들기 지도자도 상당수가 유후인을 찾은 것으로 알고 있다. 한국과 일본은 농산물 수입 개방, 인구의 고령화 및 감소 등 농업과 농촌이 안고 있는 문제가 비슷하다. 그러니 일본의 사례에서 좋은 아이디어를 배우고자 하는 것은 무리가 아니다. 그렇지만 주어진 환경과 접근 방법에는 적지 않은 차이가 있다. 일본의 잘사는 마을과 지역에는 어김없이 애향심 강하고 희생적인 지도자가 있다. 그 지도자는 지방행정의 공무원, 농협 직원, 교수 등 다양하다. 그중에서 지방행정의 공무원이 80%쯤 된다.

아름다운 자연을 후손에게 물려주는 것은 오늘을 사는 우리들의 사명이다. 신이 만든 전원을 현대문명의 난민 신세가 된 도시인에게 안식처로 제공할 필요가 있다. 그런 점에서 유후인의 사례들은 우리에게 시사하는 바가 크다. 코로나19로 방황하는 이들에게 이런 사례는 21세기 도원향(桃源鄕) 같은 위안이 될 만하다고 본다.

지방자치의 묘미, 사쿠라가이도 국도의 역

◆◆◆

일본 후쿠오카(福岡)현 오토우(大任)읍이 설치한 사쿠라가이도(さくら街

道) 국도의 역(驛)을 몇 해 전 정명회의 조합장 일행과 함께 견학했다. 일본은 도로변에 휴게소와 각종 편의시설 및 농산물 직매장을 만들어 지역경제 활성화를 도모하기 위해 1980년대부터 국도의 역을 설치해왔다. 우리나라의 고속도로 휴게소와 비슷한 시설인 국도의 역은 단순한 휴게시설이 아니다. 국도변의 한적한 곳에 자리했지만 지역경제 활성화의 중심이 되고 있기 때문이다. 일본에는 국도의 역이 전국적으로 1천 개가량 설치되었는데, 오토우읍의 사쿠라가이도 국도의 역이 규모가 가장 클 뿐 아니라 새로운 아이디어로 운영되는 것으로 널리 알려져 있다.

오토우읍의 특산품개발과장인 마츠모토 히데아키(松本英明) 씨의 안내로 사쿠라가이도 국도의 역에 대한 설명을 들었다. 지방행정이 28억 엔을 투자해 2010년 건설한 이 시설은 부지 면적이 3,700㎡(약 1,100평)이다. 출하 회원이 1,200명인데 상시 출하자는 600명가량이며 연간 농산물 매출액이 10억 엔 규모다. 연간 방문객은 무려 120만 명에 이른다고 한다. 오토우읍의 인구가 5,500명인데 요즘에는 다른 지역 사람들을 포함해서 매일 8천명이 찾아온다. 축제 기간에는 하루 4만 명이 모여들기도 한다. 최근에는 경영을 잘해 수익이 나자 해마다 읍의 재정을 지원하고 있으며 누계 6억 엔을 지원했다.

10억 원 화장실이 세일즈 포인트

사쿠라가이도 국도의 역은 톡톡 튀는 아이디어로 지역주민과 일반 관광객 그리고 매스컴의 주목을 받는다. 대표적인 경우가 바로 호화로운 화장실. 이름 그대로 벚꽃길이 유명한 데서 착안해 도자기에 벚꽃 문양을 드리우고, 변기가 고급 미술품인 듯한 분위기를 연출했다. 이들은 화장실에만 1억 엔(10억 원 정도)을 들였다고 자랑한다. 화장실을 최고급으로 설치하고 이를 세일즈 포인트로 활용하는 것이다.

새로운 특산품 개발을 위해 행정의 조직에 특산품개발과를 두고 읍장의 직접 지시를 받는다. 이 지역은 과거 탄광촌으로 지역경제가 유지되었으나 폐광 후 농업 말고는 산업이 거의 없어 인구가 급감하는 등 활력을 잃어갔다. 농업이라야 경지면적이 317ha뿐이고 벼농사 위주였다. 나가하라 조니(永原讓二) 읍장은 농민들에게 망고 재배를 권했다. 그러나 대부분의 직원들이 현청의 장려 품목이 아니고 재배도 불가능하다며 강력하게 반대했다. 읍장은 특산품은 지역경제에 충격을 주고 전국에 화제가 됨으로써 고객을 불러모을 수 있는 품목으로 선정해야 한다고 직원들을 설득했다.

마침내 읍 소유지에 비닐하우스 6동(약 8백 평)을 설치하고 '오토우 관광농원'을 개설했다. 비닐하우스 1동에 망고를 심고 나머지 하우스에서는 금귤, 용과, 토마토, 백합 등을 재배했다. 망고 재배는 미야자키(宮崎)현 농가로부터 지도를 받았다. 일본에서 개발된 망고 재배기술은 근역제한(根域制限)으로 높이가 낮은 하우스에도 적용 가능하고, 수입 망고에서는 볼 수 없는 완숙과를 소비자에게 공급할 수 있다는 장점이 있다.

특별 재배 망고 한 개 1백만 원 낙찰

열대 과일은 강렬한 향기와 황홀한 식감 등 온대지방 과일에서는 체험할 수 없는 매력이 있다. 진짜 열대지역에서 생산돼 수입한 것보다 더 맛있고 향기 좋은 망고 재배가 일본에 확산되고 있는데 이곳에서도 2014년 처음으로 망고가 생산됐다. 이 망고는 사쿠라가이도에 걸맞게 '사쿠라망고'라는 이름으로 경매에 부쳐졌고, 규슈 지역에서 몰려든 1백여 명의 고객들을 대상으로 입찰한 결과 530g 한 개가 무려 10만 엔(약 1백만 원)에 낙찰되는 기적을 낳았다. 경매에 의한 판매는 지방행정이 국도의 역을 홍보하는 수단으로 가장 적합하다고 판단해 기획한 것으로 예상대로 엄청난 화제가 되었을 뿐 아니라, 국도의 역 전체 방문객이 늘고 매출액도 증가하는 효과로 이어졌다.

사쿠라가이도 국도의 역 농산물 직매장에서는 규슈 일대에서 생산한 농산물을 판매한다. 특히 지산지소 코너에서는 범위를 더욱 좁혀 지역 농산물만 판매한다. 최근 가장 인기를 끄는 상품은 노인회가 의견을 내 제조한 마늘환이어서 노인들의 삶이 즐거워졌다고 한다. 6개씩 포장해 6백 엔을 받는 유정란도 인기다. 2백 평 부지에 70마리의 닭을 해가 뜬 뒤부터 질 때까지 놓아기르기 때문에 건강에 좋은 달걀이라는 인식과 함께 신뢰를 높였다. 보통 농산물 직매장의 경우 수수료가 15% 정도지만 이곳은 11%로 낮췄다. 이곳 국도의 역은 수수료가 적고 팔면 수익이 생기니 등록회원이 1,200명에 이르고 70~80대 고령자도 농사지을 의욕이 샘솟는다.

여름 휴가철에는 국도의 역 광장에서 축제도 열린다. 마을주민과 인접 지역 주민은 물론 관광객까지 4만 명이 참여하는 대형 이벤트다. 2천만 엔의 경비를 투입해 모두가 참여하고 즐기는 축제다. 석탄 탄광이 문을 닫으면서 마을도 사라질 위기에 놓였으나, 조그마한 지방자치 기관이 지역을 살리겠다는 열정과 아이디어로 일자리를 만들고 소득을 창출함으로써 살기 좋은 지역으로 변모시킨 것이다. 이것이 바로 지방자치의 묘미 아니겠는가.

농촌유토피아 창조하는 홋카이도 시호로농협

◆◆◆

'농촌유토피아 창조'는 일본 홋카이도(北海道)의 시호로(士幌)농협이 오랜 세월 도전해온 슬로건이다. '건전 경영 제일주의'란 경영 이념으로 착실하게 실적을 쌓아 지금 그 유토피아가 시호로읍에서 실현되고 있다. 농협을 중심으로 생산자가 결속하고 가공, 유통을 통해 농축산물의 부가가치를 높이는 데 도전한 조합원과 이를 주도한 경영자, 그리고 농협 선배들의 희생적 협동운동이 주효했다. 때마침 농협 개혁이 초점이 되어 있는 요즘, 이러한 선배들의 의지를 계승해 한층 더 발전시키려 하고 있는 시호로농협의 발전 과정을 살펴보자.

지역농협 중심으로 형성된 마을

시호로읍은 홋카이도 도카치(十勝) 평야의 중심, 오비히로(帶廣)시의 북쪽으로 30km 정도 떨어진 곳에 위치해 있다. 서북쪽으로 히가시다이세츠(東大雪) 산악지대에 면해 있고, 동쪽으로 사쿠라(佐食) 산록의 구릉과 이베가

후라노의 라벤더 농원, 2016, ⓒ현의송

와(居辺川) 강변이 연결돼 있다. 광활한 면적의 밭과 목초지를 중심으로 농축산업이 활발한 지역이다.

인구 6,300명 정도의 작은 읍이지만, 시호로농협의 본점과 동사무소 등이 있는 중심지로 들어가면 시호로농협 마크가 선명한 가공공장과 창고 등 농업 관련 큰 시설들이 눈에 띈다. 전분공장, 보리 건조 저장시설, 감자 가공처리시설 등이다. 동사무소 앞에는 훌륭한 농협 기념관이 있고, 그 인근으로 농협 정원, 농촌공업발원지 기념비, 농촌 자연공원 등이 보인다.

읍내에는 또 1곳당 5백~3,500마리를 사육하는 18곳의 육우비육센터, 10호 농가가 450ha의 초지를 보유한 낙농단지, 350마리를 사육하는 육성우 예탁

시설, 하루 50마리를 처리하는 식육처리시설 등 다양한 농축산물 생산 및 민간 가공 시설들이 자리잡고 있다. 논밭에서는 갖가지 농작물들이 푸르게 잎을 피워낸다.

시호로농협은 조합원 411호, 준조합원 79명을 포함해 전체 조합원 수가 739명에 지나지 않는다. 경제사업을 중심으로 운영되는 농협이다.

시호로농협의 농축산물 판매액(공제금 포함)은 2016년 약 435억 엔. 단순히 조합원 호수로 나누면 1호당 약 1억 엔(11억 원)이나 된다. 내역은 낙농축산물이 약 329억 엔이며, 밭작물이 106억 엔이다. 모두 농협 독자적인 가공사업 판매액이다. 이익은 이용 장려금과 출자 적립금 등으로 조합원에게 환원하고 있어, 그 총액이 같은 해에 약 21억 엔에 이른다. 조합원 1인당 약 500만 엔의 혜택을 얻는 셈이다.

생산자가 가공, 유통, 판매해 부가가치 높여

선조들의 의지를 후세까지 전하기 위해 시호로농협은 '농촌유토피아의 창조를 목표로'라는 슬로건으로 1935년에 시작된다. 이 농협이 현재 규모로 성장하기까지는 오타 간이치(太田寬一) 초대 조합장의 역할이 컸다. 그는 후에 홋카이도농협연합회 회장과 전농의 회장을 역임했다. 오타 간이치 씨를 계승한 후임 조합장 야스무라 시로(安村志郎) 씨를 비롯한 청년들은 '농축산물 원료를 생산할 뿐 아니라 가공부터 유통, 판매까지 농민 자신이 담당해 부가가치를 높이고 타 산업과 같은 소득을 얻을 수 있다. 이를 실현하는 것이 농협의 사명이다'라고 생각했다. 이 청년들이 2차 대전 후 신생 농협의 리더가 되어 오늘날 시호로농협의 주춧돌을 만들었다.

부가가치를 올리기 위한 첫 번째 사업으로 1946년 전분 공장을 인수했다. 당시는 아직 전시체제인 농업회 시대였다. 농협이 스스로 가공사업을 실시함으로써 깨달은 것이 있었다. 이전까지 전분 수율이 감자의 경우 8분의 1로 알려졌으나 실제로는 4분의 1이라는 것이었다. 이전까지는 그만큼 생산자가 불리한 거래를 피할 수 없었다. 농협의 가공사업에 따라 원가가 공개되면서 마을 안에 많던 민간 전분공장들의 수익성이 낮아지고 경영이 어려워져 농협 산하로 들어오게 된다.

기후(岐阜)현으로부터 43호가 이주해서 최초로 영농을 시작한 곳에 시호로 발상의 비가 있다.거기에는 이렇게 기록하고 있다.

가공공장을 직영함으로써 원가를 파악하고, 메이커와의 가격 교섭에 반영시키는 수법과 그것을 확립하기 위해, 기업에 지지 않는 엄격한 경영 관리를 실시한다고 하는 운영 방침이 점차 명확해졌다. 바로 '오타이즘(초대 조합장 이름을 딴 사상)'의 원점이 되었다. 즉 농민 스스로 농산 가공을 통해 부가가치를 얻는 농촌 공업화 노선을 펼쳐 나가게 된다. 이것이 그 후의 오타-야스무라 체제에 의한 '농촌유토피아 창조'의 출발점이 되었다.

1955년에는 고능률의 연속식 합리화 전분공장을 건설해 감자 생산농가의 경영 안정에 크게 기여하게 되었다. 게다가 1948년에는 식품공장을 건설해 포테이토칩, 콘, 고로케 등의 식품 가공을 시작했다. 그 후 한층 더 판로를 넓히기 위해 간토식품개발연구소와 간사이식품공장을 개설하는 등 본격적으로 대도시 소비지에 진출했다.

이 같은 식품 가공사업 진출의 성과는 농협의 사업실적에 명확하게 나타나고 있다. 농협의 판매액 추이를 보면 1938년 16억 엔이었던 것이 1948년에는 44억 엔이 되었다. 이후 1953년에는 109억 엔, 2016년 435억 엔 등으로 꾸준한 증가세를 보이고 있다.

미국 선진 낙농 받아들여

시호로농협의 축산물 판매사업은 우유와 축산물(주로 낱개 판매)이 주를 이룬다. 축산물이 약 239억 엔, 우유 87억 엔 규모이다. 이것을 67호의 낙농가가 경영하고 있다. 특히 우유 매출이 성장한 것은 전분공장과 같은 가공사업으로의 전환이 주효했다.

시호로농협은 1956년 홋카이도에서 최초로 생유 공판을 시작했다. 당시 가공 원료유 생산자 보조금 제도는 있었지만, 실제로 유업체 교섭에서는 수취가가 법으로 정하는 안정 기준가격을 밑도는 일이 잦았다. 지역과 계절에 따라 거래가격에 격차가 있는 것은 물론 현장에서는 집유(集乳) 전쟁의 양상을 띠어 '봉투 유가'의 현금 공세에 의한 낙농가의 포섭도 드물지 않았다.

이 농협은 전분공장을 운영하면서 과거 가공 단계에서 얼마나 착취당했는지 뼈저리게 경험했다. 그래서 낙농가를 위한 우유 가공사업을 추진했다. 기존 유업체의 반대 속에 농림수산성이나 홋카이도, 호쿠렌(北聯, 홋카이도 농협경제사업연합회) 등의 적극적인 지원도 받지 못한 가운데, 오타 간이치 당시 조합장의 적극적인 추진 활동으로 1972년 도카치(十勝) 지방 8개 농협이 협동유업을 설립하게 되었다.

그 무렵 스즈키 오이치(鈴木洋一) 씨는 막 취농을 했다. 1942년에는 시호로읍낙우회의 초대 회장이 되었고, 그 후 시호로읍의회 의원 등을 맡아 낙농이나 지역농업의 진흥에 공헌한다. 그 스즈키 씨로 하여금 낙농을 하도록 권유한 사람이 오타 간이치 씨였다.

스즈키 씨는 밭농사 중심 농가의 후계자로 태어나 에베츠(江別)시 노츠포로(野幌)에 있는 낙농학원 기농고등학교를 졸업하고 취농했지만 시호로읍 일대는 습성 화산재 토양으로 생산성이 낮고 냉해를 받기 쉬운 점 등으로 아무리 일해도 부채가 쌓여 농업에 실망감을 갖고 있었다. 당시 시호로농협의 오타 간이치 조합장이 "미국에 가서 근대적인 낙농 공부를 하고 오라"고 격려해주었다.

당시 농장 경영은 파탄 상태에 있었지만 농협과 행정의 자금 지원을 받아 도카치로부터 첫 낙농 파견 실습생으로 뽑혔다. 아버지 스즈키 다쓰지(鈴木辰治) 씨는 농협의 이사를 하고 있던 적도 있어 오타 간이치 씨와 친했다. 여비 문제 외에 당시로서는 장벽이 많은 도미(渡美) 수속 등을 모두 오타 씨의 적극적인 협력으로 해결했다.

미국의 연수 장소는 일리노이주 목장이었는데 거기서 큰 문화 충격을 받았다. 착유소 4~5마리로 쥐어짜는 도카치 목장의 첨단 설비와 기술이란 것들이 미국에서는 이미 50년 전에 있었던 것들이었다. 또한 주 1회 가족 외식을 하는 등 낙농가의 여유로운 생활과 농장에 심어진 잔디, 깔끔한 외양간 주변 등도 인상적이었다. 1년 내내 온 가족이 쉴 새 없이 일하며 분뇨와 잡초가 가득한 외양간 환경 등을 당연시했던 도카치의 낙농과는 큰 격차가 있었다.

농촌유토피아가 완성의 경지에

연수처인 목장은 당시 미국에서도 최고 수준이어서, '이것이 우리 낙농의 방향이 돼야 한다'라는 판단을 내리게 되었다. 합리적 낙농 경영과 농가의 여유로운 생활을 시호로에서 실현한다는 목표가 스즈키 씨의 귀국 후 낙농 경영에 큰 영향을 미치게 된다.

1년 8개월여의 연수를 마치고 귀국해 부친으로부터 경영 이양을 받았을 때 저축금은 203만 엔이었으며, 부채는 그 두 배 이상인 524만 엔이 남아 있었다. 당시는 샐러리맨의 평균 연봉이 50만 엔 정도였다. 1971년의 가장 괴로울 때는 수입의 75.7%를 빚 변제에 사용했다. 천신만고 끝에 10년 만에 고액의 부채를 다 갚았다.

지금 스즈키 씨의 농장을 보면 집과 외양간 주변은 깨끗하게 정비되어 전선은 모두 지하에 매설되었다. 금후의 시설 확충이나 재건축을 내다보고, 건물의 배치에는 충분한 여유를 가지고 있다. 또 자체적으로 가축 분뇨를 원료로 한 바이오가스 발전장치를 목장 부지 내에 설치했다. 이를 계기로 이 마을에 농협의 바이오가스 발전 플랜트가 13개 설치되었다. 그는 아내 레이코 씨와 함께 하는 여행도 매년 한 번 반드시 실행하고 있다.

미국에서 꿈꾸던 낙농은 거의 실현됐고, '농촌유토피아'는 완성의 경지에 다다랐다. 스즈키 씨가 그렇게 생각하는 것은 그 외의 다른 근거가 있다. 시호로농협은 생산활동뿐 아니라 생활 면에서도 조합원을 지원하는 체제가 확립되어 있다. 농협의 신용사업에는 다른 농협에서 볼 수 없는 '자회(自賄) 저축 제도(입출금이 자유로운 마이너스통장)'라는 것이 있다. 이것이 생활에 편리함과 유연성을 가져다준다.

적소위대(積小爲大) 정신으로 비축

농민 자본으로 만들어진 크로바유업(도카치공장), 1954년부터 시작된 재해대비저금, 그 후의 영농저금, 연금저금, 가계저금, 그리고 상조기금 등이 설치되어 있다. '조금씩 저축해 큰 결과를 만든다'는 적소위대(積小爲大)의 정신으로 돈을 적립한다. 가장 특징적인 것은 재해대비저금이다. 이는 질병이나 재해, 주택 건설 등의 특별한 지출이 필요하게 되었을 때의 저축으로 반강제적으로 적립한다. 인출할 때는 조합장의 결재가 필요하며 농축산물 판매액 중에서 5%를 공제해 적립하는 예금이다. 이것이 선진 복지농촌 달성에 큰 역할을 하고 있다.

또 영농저축, 가계저금은 각 조합원의 영농과 생활에 필요한 비용 1년치를 출발 시점부터 적립하고 있다. 상조기금은 1982년 아직 생활이 어려웠던 시절이지만 1호당 1백만 엔을 적립해 같은 금액을 농협이 낸 후 약 10억 엔이 되었다. 이는 농가의 경영 개선에 도움이 되도록 지원하는 자금으로, 각각의 조건에 의해 상한을 정해 무이자로 대출하는 구조다.

시호로농협의 다카하시 마사미치(高橋正道) 조합장은 "충분한 내부 유보가 있어야 경영안정이 도모되고 조합원에게 안심을 주어 다음 투자의 근간으로 연결된다"고 주장한다. 이것이 농협 건전 경영의 요체라는 것이다. 이 생각으로 자기자본 충실화에 힘을 쏟아 현재 농협의 조합원 출자금은 62억 4천만 엔으로, 1호당 약 1,400만 엔에 이른다. 사업기반 강화 적립금으로 약 85억 엔을 보유하고 있고, 고정자산은 약 730억 엔이 되어 일본 열도에서 최고 수준의 건실한 경영기반을 확립하고 있다.

농협은 지역 커뮤니티의 핵심

다카하시 조합장은 "농협은 조합원에게 어떻게 해야 하는지, 또 무엇을 할 수 있는지 항상 추구하는 것이 중요하다"고 강조한다. 그 요점으로 경제, 복지, 교육 3가지를 들고 있다. 특히 경제사업에서는 농축산물에 부가가치를 더해 조합원 소득을 늘리는 동시에 농협의 경영기반을 다지는 것, 또 신용사업에서는 경영 및 복지에 필요한 투자를 스스로 조달할 수 있도록 하는 것이 중요하다고 생각하며 이를 위해 내부유보 확보에 힘쓰고 있다.

이러한 안정 경영에 의한 농협에의 신뢰가 있기 때문에 전 사업 농협 이용률이 90%에 이른다. 다카하시 조합장은 인재 양성의 중요성도 강조한다. 그래서 그 일환으로 2년에 한 번 청년부, 여성부, 조합원과 사무국 직원 16명의 해외연수 등을 지원하고 있다.

다카하시 조합장은 "시호로농협이 자신들의 조직이어서 다행이라고 생각될 수 있도록 임직원은 서로 협동조합 정신을 향상해나갈 필요가 있다"고 말한다. 또한 "농협은 지역 커뮤니티의 핵심으로서 문화, 자연을 포함한 지역의 생활환경 전체를 개선하는 것도 사명"이라며 "금후에도 농촌유토피아 창조를 위해 끊임없이 노력해나갈 것"이라고 힘주어 말한다.

【시호로농협 개요(2016년 말)】

조합원 가구 수 : 411호

조합원 수 : 739명(이 중 준조합원 79명)

총판매액 : 421억 8,700만 엔

생산자재 총공급액 : 133억 800만 엔

적금 총액 : 883억 5,300만 엔

대출금 총액 : 107억 200만 엔

장기 공제 보증금 : 688억 7,400만 엔

직원수 : 171명

코로나19 이후 농촌유토피아 전략 펴는 오야마농협

- 종자를 뿌리고 꿈을 수확한다 -

◆◆◆

오야마(大山)농협은 오이타(大分)현 험준한 산간에 위치해 있으며 농가 호당 평균 경작면적이 40a에 불과하다. 그것도 작은 면적의 다랑논과 밭이 20여 곳에 분산되어 있다. 50년 전에는 일본에서 가장 가난한 빈촌 농협이었다. 그러한 가난에서 하루라도 빨리 탈출하기 위해 모두가 힘을 합쳐 장래의 꿈과 희망을 서로 의논하며 지금까지 계속하고 있다. 덕택에 농가 호수도 변함없고, 주민의 70%가 여권을 갖고 매년 해외여행도 즐기게 되었다.

오야마농협의 기본 농업 방향은 소량 생산, 다품목 재배, 고부가가치 판매이다. 농가의 농산물판매 총액을 중요시하지 않고 판매액은 적어도 얼마의 금액이 수중에 남는지를 중요시하는, 수익률 높은 농업을 지향해왔다. 그래서 도매시장 출하만이 아니고 농가가 소매가격을 결정해 직접 판매할 수

오야마농협 야하다 세이고 조합장 부부와 식사, 2018, ⓒ현의송

있도록 '고노하나가르텐'이라는 직매장을 인근 도시지역에 출점했다. 또 호텔이나 고급식당, 소매점 등에 직접 판매하는 외상 부문과 농협의 식품가공공장에 출하하는 가공원료 부문 등 다양한 방법의 출하를 선택할 수 있도록 하고 있다.

2020년부터는 고령자가 안심하고 노후생활을 할 수 있도록 마을 문산(文産)농장을 개설했다.

마을마다 5백 평 규모의 비닐하우스를 짓고 다양한 농작물을 간단한 노동으로 재배하도록 지도하며, 판매는 농협이 책임지고, 참여 노인에게 월 10만 엔 정도를 급여로 제공한다. 본인이 원하면 농협의 계약직 직원으로 채용한다. 하우스 시설비는 약 3억 엔이 드는데, 50%는 지방비 보조이고 나머지 50%는 농협 부담이다. 농장에는 휴게담화 시설에 냉난방도 갖추어 쾌적한 지역문화 육성의 장소로 이용된다. 고령자에게는 기초연금에 문산농장 근무 소득이 추가돼 안심하고 생활할 수 있도록 노후생활이 보장되는 셈이다. 즉 농산업과 문화가 서로 보완하면서 발전할 수 있도록 지역사회 모두가 희망하고 있다.

후나도(舟戸) 지역의 가와츠 씨는 이전에 회사에 근무했으나 퇴직 후 문산농장에 근무하고 있다. 지금까지 본격적으로 농사를 한 경험은 없으며, 자택의 텃밭에서 오이와 토마토 등을 재배해본 정도다. 매일 건강을 위해 7천 보 걷기를 목표로 해 오후에는 50분 정도 산책하는 등 건강을 지키며 살아왔다. 문산농장에 근무한 지 20일째 된다. 파슬리, 상추 등의 수확과 포장 작업을 하고 크레송(물냉이) 하우스에서 잡초 제거 작업을 한다. 그는 영농지도원의 작업 지도로 즐겁게 일하고, 작업이 끝나면 휴게담화실에서 차를 마시며 여유롭게 시간을 보낸다. 앞으로도 문산농장에서 열심히 근무하겠다고 다짐한다.

21세기는 향수(노스탤지어)의 소비 시대이다. 인간은 언제 어느 곳에 있으나 귀소본능을 갖고 있다. 이는 귀촌본능으로 바꾸어 표현해도 된다. 오야마농협은 12년 전부터 산촌의 휴경 논밭을 조금씩 매입해 현재 30ha(약 9만 평)가 되었다. 여기 산촌에 '이쓰마히메노사토(伍馬媛の里)'라고 이름을 붙이고 농협 임직원 모두가 일체가 되어 관리하고 정리해왔다. 도시에서 생활하는 출향민이나 도시인이 농촌의 평안함과 마음의 고향을 느낄 수 있도록, '생명이 다시 탄생하는' 테마파크를 만들었다. 산촌에는 계절마다 매화, 동백, 배, 복숭아, 벚나무 등 꽃이 피는 나무를 450종 3만 8천 그루를 식재했다. 가을에 산촌에는 단풍이 들어 금수강산처럼 변한다. 연중 산촌의 아름다운 풍경을 즐길 수 있다. 토종 고대미를 심은 논에는 잠자리가 날고, 계절마다 다양한 채소가 연중 재배되는 농촌의 모습을 즐길 수 있다. 꽃을 즐기고 신

선한 공기를 마음껏 들이마시면서 산촌의 자연 속에서 하루 종일 놀 수 있도록 해, 잃어버린 고향을 되찾게 한다. 자손대대로 숲과 나무를 소중하게 가꾸어 천년의 숲으로 만들기로 했다. 이 지역에서 사는 모든 농민과 조합원들의 자랑거리가 될 수 있도록 생활의 풍요로움을 창조해 나간다는 방침이다.

농산촌은 다양한 아이디어와 창의력을 바탕으로 무한한 희망을 설계할 수 있는 곳이다. 오야마농협 지역이야말로 지역주민, 조합원 그리고 출향민 모두가 추구하는 농산촌유토피아다.

이 글은 오야마농협의 야하다 세이고(矢羽田正豪) 조합장의 원문을 저자가 보완한 것임.

오야마농협의 100년 매화나무, 2018, ©현의송

| 에필로그 |

농산촌은 인류를 구할 귀중한 공간

청정한 지구환경은 현 인류와 후손의 번영을 위해 매우 중요하다. 그런 점에서 자연환경이 잘 보전된 농산촌은 인류를 위한 귀중한 공간이다. 산업문명의 폐해에 짓눌린 국민의 안식처다.

인류의 생존과 밀접한 환경문제는 그동안 악화 일변도로 치달아왔다. 인간은 산업혁명 이후 일상생활이나 경제활동에서 의식적이든 무의식적이든 생태계에 부정적 영향을 끼쳤다. 이제는 우리의 삶에서 환경에 대한 배려를 최우선으로 해야 할 절체절명의 상황이다.

소녀 환경운동가 그레타 툰베리는 2019년 9월 23일 미국 뉴욕 유엔본부에서 열린 기후행동정상회의에 참석해 "생태계 전체가 붕괴하고 있다. 그런데 여러분이 하는 이야기는 오로지 돈과 영구적인 경제성장에 관한 동화 같은 이야기뿐이다. 도대체 어떻게 그럴 수 있나. 기후변화로 인해 우리 미래세대를 실망시킨다면 당신들을 결코 용서하지 않겠다"고 일갈했다.

우리나라는 국제 시민단체들에 의해 '기후악당(climate villain)'으로 불린다. 이산화탄소 배출량 세계 7위, 대기질은 경제협력개발기구(OECD) 36개 회원국 중 최하위다. 기후변화대응지수는 61개국 가운데 58위다. 이는 우리의 금수강산이 공해강산으로 망가지고 있다는 증거다. 국제사회에서 환경에 무책임한 나라로 따돌림당하는 현실을 심각하게 받아들여야 한다.

보리밭, 2018, ©임승수, 농민신문사

그동안 산업화 기관차가 질주를 거듭한 나라들은 이미 진지한 반성을 통해 산업구조를 친환경적으로 재편하는 노력을 집중해왔다. 특히 유럽연합(EU)은 '그린 딜' 정책을 통해 2050년까지 탄소 중립을 달성한다는 목표 아래 1,400조 원을 들여 4개 분야(에너지, 산업, 건축, 수송)와 농업, 생태계 및 생물다양성 문제를 획기적으로 개선하는 행동을 지속하고 있다.

유럽 국가들은 도시는 말할 것도 없고 농촌에서조차 오래 전부터 환경오염 최소화를 위해 진지한 노력을 거듭해왔다. 일례로 스위스는 1990년대부터 젖소의 이산화탄소 배출량을 억제하기 위해 사육두수를 초지 면적에 따라 제한했다. 가축 사육에 동물복지 개념을 철저히 도입해 사육환경을 개선함으로써 산간 목장들이 그림 같은 풍경을 드러낸다.

일본 도쿄의 어느 농협 조합장 집을 방문한 적 있다. 2백여 평의 텃밭에서는 다양한 채소를 재배하고 있고 주변에 벚나무들이 있었다. 그 나무 하나하나에 번호가 붙어 있고 구청으로부터 연간 1만 5천 엔의 관리비를 받는다고 한다. 개인 소유지에 있는 정원수 한 그루라도 보호해 환경을 아름답게 가꾸고 이산화탄소 배출량을 줄이려는 노력의 일환이다.

필자의 텃밭에 10그루의 20년생 벚나무가 있다. 너무 크게 자란 탓에 부담이 되어 일 년에 한 그루씩 잘라버린다. 모두가 환경에 무관심인 우리의 모습일까?

일본 하다노(秦野)농협 농산물 직매장은 연간 방문객 수가 50만 명이다. 이들이 타고 오는 자동차의 이산화탄소 배출량이 무시하지 못할 양이므로 고객들에게 친환경적인 운전과 대중교통 이용을 권장한다. 이들의 이 같은 생활 속 실천운동을 우리는 반면교사 삼을 필요가 있다.

유엔은 2016~2030년까지 '지속가능한 발전목표(SDGs)'를 정하고 우리가 지구환경 악화와 빈곤, 불평등 등을 해결할 수 있는 최후의 세대가 돼야 한다고 강조했다. 이에 중요한 역할을 할 수 있는 조직이 상호배려와 지역사회 공헌을 이념으로 하는 협동조합이다. 서로 양보하며 협동해 행복한 사회를 만드는 데 모두가 동참해야 한다.

그런 사회가 실현된다면 그것이야말로 진정으로 현실화한 유토피아 아닐까. 특히 청정한 자연환경이 함께한 농산촌은 21세기 문명의 폭주에 지친 도시인들에게 훌륭한 안식처가 될 수 있다. 코로나19로 방황하는 현대인들에게 큰 위로가 될 수 있다.

마지막으로 고마움을 전할 분들이 있다. 이 책의 기획 단계부터 발간 직전까지 길라잡이가 되어준 박중곤 학형, 편집과 관련해 조언을 아끼지 않은 최근선 선생에게 지면을 빌려 깊이 감사드린다. 책을 만든 농민신문사 출판팀에도 고마운 마음을 전한다.

농산촌유토피아를 아시나요 | 참고문헌

_《농업의 힘》, 박현출, 에이치앤컴, 2020
_《농정연구》74호, 농정연구센터, 2020
_《농촌 문화콘텐츠 개발과 스토리텔링 마케팅》, 권갑하, 수동예림, 2020
_《농촌유토피아》, 송미령 외, 들녘, 2019
_《소통과 공감》, 이내수, 농민신문사, 2020
_《오늘부터의 세계》, 장하준 외, 메디치미디어, 2020
_《종말의 밥상》, 박중곤, 소담출판사, 2020
_《지역으로부터의 농업 르네상스》, 쓰타야 에이치(蔦谷榮一), 전찬익 역, 2019
_《家族農業が世界の未來お開拓する》, 農林中金總合研究所, 農文協, 2014
_《結の心》, 郷田實, 評言社, 2009
_《故郷資源の再發見》, 林良博, 家の光協會, 2005
_《農の福祉力で地域が輝く》, 濱田健司, 創林社
_《農業の力, 日本の力》, 山田俊男, 家の光協會, 2018
_《森お步く》, 田中淳夫, 角川SSC新書, 2009
_《食・農・環境とSDGs》, 古澤廣祐, 農文協, 2020
_《新型コロナ19氏の意見》, 山內節, 農文協, 2020
_《食方地球變》, 山下 , 創林社, 2007
_《SDGsの協同組合》, 家の光協會, 2019
_《イカロス》, 農業ビジネス 25號, 2020
_《人口減少社會のデザイン》, 廣井良典, 東洋經濟, 2019
_《自然と共生する町作り(宮崎縣綾町)》, 森山喜代香, 公人の友社, 2001
_《田園回歸1%戰略》, 藤山浩, 農文協, 2015
_《朝鮮の茶と禪》, 諸岡存, 家入一雄, 日本の茶道社, 1940

농산촌유토피아를 아시나요

원시림에서 재택근무 하는 IT 직원, 2020, oil on canvas, 72.7×60.6cm

지은이 현의송

1942년 전남 영암에서 출생해 1965년 서울대학교 농과대학을 졸업했다.
농협중앙회에 입사해 조사부장, 농촌개발부장, 일본사무소장, 전남지역본부장 등을 역임했으며, 2000년대에는 농협대 교수와 신용대표이사도 지냈다.
농민신문사 도쿄(東京)특파원으로 8년간 활약했으며, 사장도 역임했다.
일본 슈도(修道)대학 객원연구원, 한국어메니티연구회장을 거쳐
한일농업농촌문화연구소 대표, 한국미술협회 회원(서양화), 기독조형연구소 회원 등으로 활동하고 있다.

주요 저서

_《일본의 농업, 농촌, 농협》(삼부문화사, 1991)
_《농업을 버리면 자존심도 잃는다》(삼부문화사, 1997)
_《키위에서 솔개로》(삼부문화사, 2005)
_《밥상 경제학》(이가서, 2006)
_《문화를 파는 농촌에 희망이 있다》(농민신문사, 2009)
_《6차 산업을 디자인하라》(책넝쿨, 2014)
_《블라디보스톡 연해주 기행문》(세창문화사, 2015)
_《한국과 일본의 역사인식》(세창문화사, 2019)

역서 및 논문

_《농협은 지역사회에서 무엇을 할 것인가》(일본 이에노히카리협회, 1990)
_《일본의 지역활성화 사례집》(일본 농림수산성, 1997)
_〈대안적 농식품 체계의 비교연구〉(농산촌어메니티연구회, 2009)

미술작품 수상 및 개인전

_〈전국 모란 미술대전〉(특선 2회, 2015~2016)
_〈대한민국 미술대전〉(입선, 2017)
_〈경기도 미술대전〉(입선, 2018)
_〈신토불이〉(인사동 백송화랑, 2016)
_〈신토불이〉(영암문화원갤러리, 2017)
_〈내 고향 신토불이〉(자연미술관, 2017)
_〈한국의 농업유산〉(L타워 갤러리, 2019)

농산촌유토피아를 아시나요

초판 1쇄 발행일 2020년 12월 10일
초판 2쇄 발행일 2021년 1월 7일

지은이 현의송
펴낸이 이성희
책임편집 하승봉
기획 · 제작 김명신 김재완 안영교 이혜인
디자인 박종희
인쇄 삼보아트

펴낸곳 농민신문사
출판등록 제25100-2017-000077호
주소 서울시 서대문구 독립문로 59
홈페이지 http://www.nongmin.com
전화 02-3703-6136, 6097
팩스 02-3703-6213

ISBN 978-89-7947-178-6 (03520)
잘못된 책은 바꾸어 드립니다. 책값은 뒤표지에 있습니다.

이 도서의 국립중앙도서관 출판예정도서목록(CIP)은 서지정보유통지원시스템 홈페이지(http://seoji.nl.go.kr)와 국가자료종합목록 구축시스템(http://kolis-net.nl.go.kr)에서 이용하실 수 있습니다. (CIP제어번호 : CIP2020050954)